全国高等职业学校电类专业

工厂供配电技术（第三版）习题册

屈安山　主　编

中国劳动社会保障出版社

简　介

本习题册是全国高等职业学校电类专业教材《工厂供配电技术（第三版）》的配套用书。习题册紧扣教学目标，按照教材任务顺序编排，题型丰富多样，难易适当，考查知识覆盖面广，有助于学生复习巩固所学知识。

本习题册由屈安山任主编，程厚强任副主编，秦婧文、孙国栋参加编写；刘涛任主审。

图书在版编目(CIP)数据

工厂供配电技术（第三版）习题册/屈安山主编. --北京：中国劳动社会保障出版社，2023

全国高等职业学校电类专业

ISBN 978-7-5167-6185-4

Ⅰ.①工…　Ⅱ.①屈…　Ⅲ.①工厂-供电系统-高等职业教育-习题集②工厂-配电系统-高等职业教育-习题集　Ⅳ.①TM727.3-44

中国国家版本馆 CIP 数据核字(2023)第 222456 号

中国劳动社会保障出版社出版发行

（北京市惠新东街 1 号　邮政编码：100029）

*

北京谊兴印刷有限公司印刷装订　新华书店经销

787 毫米×1092 毫米　16 开本　8 印张　173 千字

2023 年 11 月第 1 版　　2023 年 11 月第 1 次印刷

定价：17.00 元

营销中心电话：400-606-6496

出版社网址：http://www.class.com.cn

http://jg.class.com.cn

目录

模块一　工厂供配电系统一次部分 …… 1
　课题一　电力系统基本知识 …… 1
　　任务 1　电力系统的组成 …… 1
　　任务 2　工厂供配电系统 …… 3
　　任务 3　电气设备的类型及额定电压 …… 8
　课题二　工厂电力负荷及其确定 …… 10
　　任务 1　电力负荷及负荷曲线 …… 10
　　任务 2　低压断路器的功能及选用 …… 11
　　任务 3　电力负荷的确定 …… 15
　　任务 4　工厂的无功功率及其补偿 …… 18
　　任务 5　短路的原因与危害 …… 21
　课题三　电力线路的结构与敷设 …… 23
　　任务 1　架空线路的结构与敷设 …… 23
　　任务 2　电缆线路的结构与敷设 …… 24
　　任务 3　低压供配电系统的接地与接零 …… 26
　　任务 4　车间（室内）动力配电线路的结构与敷设 …… 32
　课题四　工厂变配电所的电气设备及一次系统 …… 34
　　任务 1　电弧的产生及灭弧方法 …… 34
　　任务 2　高压断路器 …… 35
　　任务 3　高压隔离开关和高压负荷开关 …… 37
　　任务 4　高压熔断器 …… 39
　　任务 5　电力变压器 …… 40
　　任务 6　互感器 …… 54
　　任务 7　工厂变配电所的电气主接线 …… 58
　　任务 8　工厂变配电所的成套配电装置 …… 61
模块二　工厂供配电系统二次部分 …… 70
　课题五　工厂变配电所的操作电源、控制及信号回路 …… 70

任务1　二次回路及二次回路接线图 …… 70
任务2　工厂变配电所的操作电源 …… 73
任务3　高压断路器的控制及信号回路 …… 76
课题六　工厂供电系统的继电保护及自动装置 …… 85
任务1　继电保护的基本知识 …… 85
任务2　基于计算机控制技术的继电保护控制系统 …… 88
任务3　工厂高压线路的继电保护 …… 91
任务4　电力变压器的继电保护 …… 96
模块三　电气安全及工厂的电气照明 …… 101
课题七　电气安全 …… 101
任务1　触电与防护 …… 101
任务2　接地电阻及其测量 …… 104
课题八　工厂变配电所的防雷保护 …… 105
任务1　防雷设备及防雷措施 …… 105
任务2　室内低压配电线路的过电压防护 …… 108
课题九　工厂的电气照明系统 …… 110
任务1　认识工厂电气照明系统 …… 110
任务2　照明灯具的配电方案与控制 …… 112
综合实训 …… 116
实训一　漏电断路器操作训练 …… 116
实训二　LW2 型控制开关的认识与操作训练 …… 118
实训三　电工安全用具的认知与使用操作训练 …… 120
实训四　接地体接地电阻的测量 …… 121

模块一　工厂供配电系统一次部分

课题一　电力系统基本知识

任务1　电力系统的组成

一、填空题（将正确答案填在横线上）

1. ________是现代社会最重要、最便捷的能源。

2. 电能不仅便于________、________，易于转换为其他形式的能源，而且便于控制，使用方便。

3. 工厂及其他电能用户所需电能是由__________生产的。

4. 由__________、__________、电力线路及电能用户组成的统一体，称为电力系统。

5. 核能发电厂简称核电厂，它是利用原子核裂变产生的__________转化为电能。

6. 衡量电能质量的指标包括三个方面，即________、________和________。

7. 按电力负荷对供电可靠性的要求，通常分为____级。

8. ________________是衡量电能质量的一项基本指标。

二、选择题（将正确答案的序号填在括号内）

1. 工厂用电量大约占总发电量的（　　）。

A. 60%　　B. 70%　　C. 80%　　D. 90%

2. 各类发电方式中产生电能的设备是（　　）。

A. 蒸汽机　　B. 风车　　C. 发电机　　D. 电动机

3. 火力发电厂简称火电厂，它是利用煤、石油、天然气等矿物质燃料储存的（　　）能转化为电能。

A. 化学　　B. 机械　　C. 热　　D. 动力

4. 下列属于清洁能源发电的是（　　）。

A. 燃煤发电　　B. 风力发电　　C. 燃油发电　　D. 天然气发电

5. 高压配电网的电压范围一般在（　　）。

A. 500 kV 及以上　　B. 220～380 V　　C. 35～110 kV　　D. 10～35 kV

三、判断题（正确的打"√"，错误的打"×"）

1. 工厂是电力系统中最大的电能用户。（　　）
2. 水力发电是我国发电量最大的发电形式。（　　）
3. 电力系统中发电厂及电能用户称为电力网。（　　）
4. 低压配电网是指交流 1.2 kV 及直流 1.5 kV 以下电压的配电网络。（　　）
5. 交流电的标准波形是正弦波。（　　）

四、简答题

1. 为什么要采用高压输电？

2. 发电厂按其所用一次能源形式不同可分为哪些类型？

3. 试述电能的传输分配过程。

4. 什么是电力系统、电力网、动力系统？

5. 电力网按供电范围、输送功率和电压等级是怎样分类的？

6. 电力网按接线方式是怎样分类的？

7. 电力负荷按照其对供电可靠性的要求是怎么分类的？

任务2　工厂供配电系统

一、填空题（将正确答案填在横线上）

1. 工厂供配电系统由工厂总降压变电所、高压配电线路、________________、低压配电线路和配电装置组成。

2. 工厂供配电系统中变电所的作用是________、________和________电能。

3. 工厂供配电系统中配电所的作用是________和________电能。

二、选择题（将正确答案的序号填在括号内）

1. 以下接线方式中，（　　）方式线路敷设简单，操作、维护方便，容易进行继电保护的整定，并易于实现自动化。

A. 放射式接线　　B. 树干式接线　　C. 环式接线　　D. 网络接线

2. 若对供电系统要求比较高，宜采用的接线方式是（　　）。

A. 放射式接线　　B. 树干式接线　　C. 环式接线　　D. 网络接线

三、判断题（正确的打“√”，错误的打“×”）

1. 工厂供配电系统是指工厂所需的电力电源从进厂起到所有用电设备输入端止的整个电路。（　　）

2. 工厂供配电系统的进线电压等级都是 10 kV。（　　）

3. 车间里的机电设备要求的供电电压都是 380 V。（　　）

四、简答题

1. 简述工厂供配电系统的受电接线方式。

2. 简述树干式接线的特点与应用。

3. 工厂供配电系统的基本功能是什么？

4. 工厂配电系统的接线方式有哪几种？

5. 试分析放射式接线的基本特点，并绘制其接线原理示意图。

6. 简述树干式接线的接线方式及其基本特点，并绘制其接线原理示意图。

7. 试分析图 1-1 所示供配电系统接线图采用的接线方式是哪一种，并简述接线控制原理。

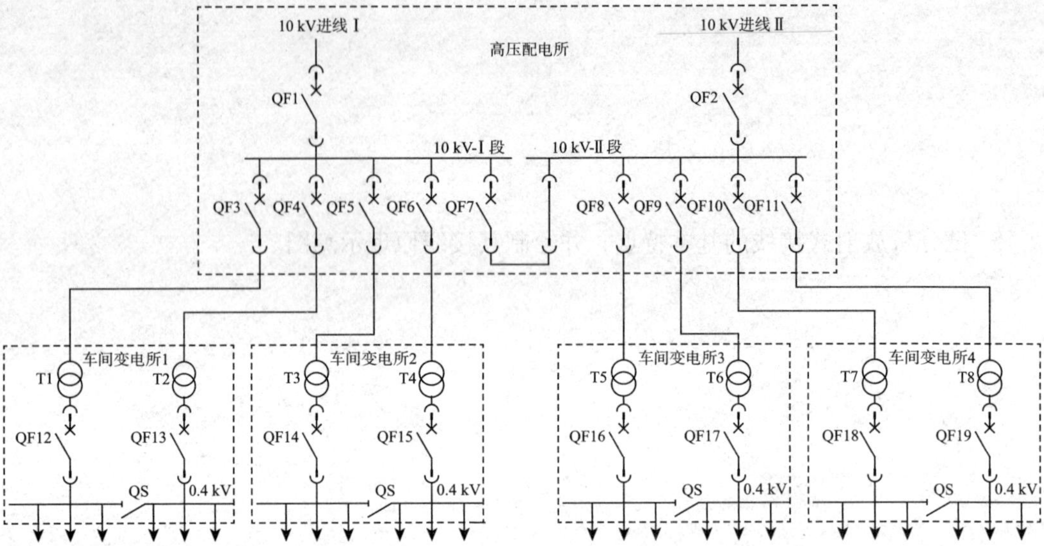

图 1-1　供配电系统接线图

8. 试分析图 1-2 所示供配电系统接线图的接线原理，并比较与图 1-1 所示的接线方式有何不同。

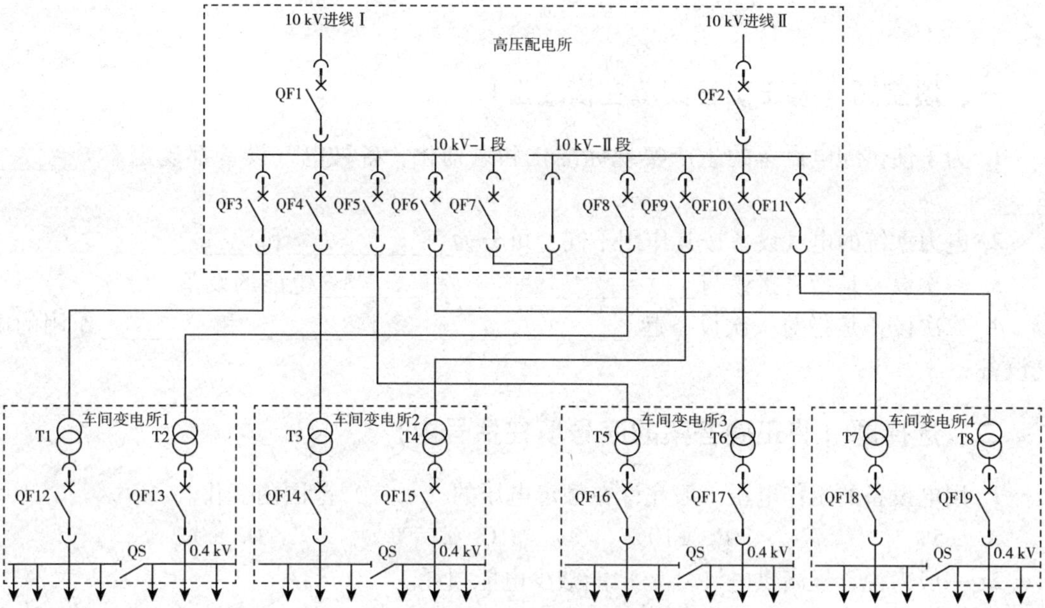

图 1-2　供配电系统接线图

任务3　电气设备的类型及额定电压

一、填空题（将正确答案填在横线上）

1. 为了使供配电设备的生产实现标准化和系列化，各种电气设备都规定有____________。

2. 电力系统的电气设备按其作用不同，可分为__________和__________。

3. 一次设备是指直接参与________、________和________电能的设备。

4. 二次设备是指对一次设备起________、________、________和________作用的电气设备。

二、选择题（将正确答案的序号填在括号内）

1. 用电设备的工作电压一般允许在额定电压的（　　）范围内变化。

A. ±5%　　　B. ±10%　　　C. ±15%　　　D. ±0%

2. 一般来说，提高供电（　　）能减少电能损耗。

A. 电流　　　B. 电压　　　C. 功率　　　D. 频率

三、判断题（正确的打“√”，错误的打“×”）

1. 供电系统中，首端电压和末端电压是一致的。（　　）

2. 负荷大小和距离电源远近对供电电压的选择有很大关系，输送距离越远，其电压等级就越高。（　　）

四、简答题

1. 工厂的高低压配电电压各如何选择？

2. 为什么要规定各类电气设备的额定电压？电力网、用电设备、发电机和变压器的额定电压是如何规定的？

3. 试确定图 1-3 所示的供电系统中发电机 G 和变压器 T1、T2、T3 的额定电压。

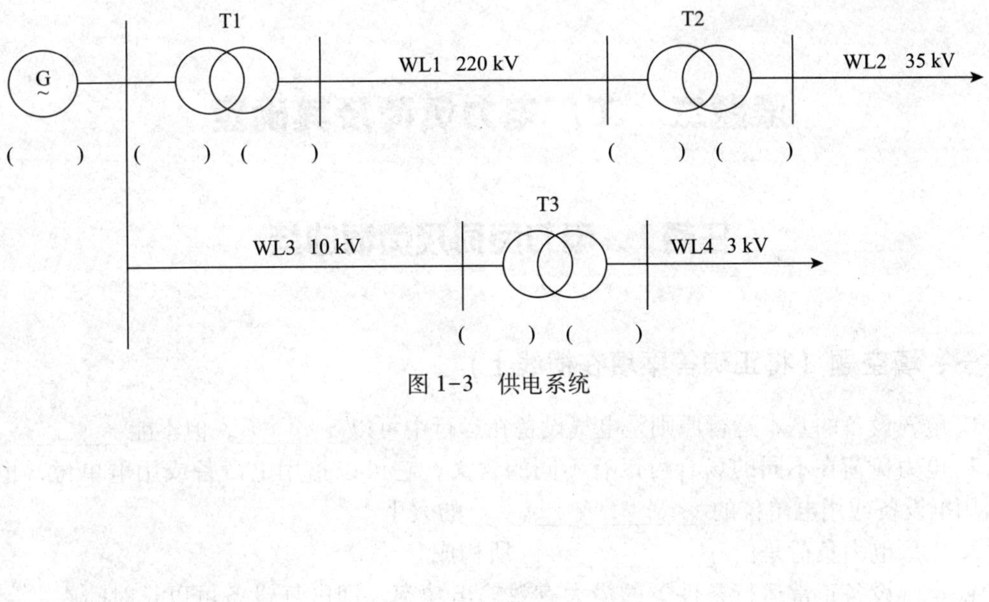

图 1-3 供电系统

4. 试确定图 1-4 所示的供电系统中变压器 T1、T2、T3 的额定电压。

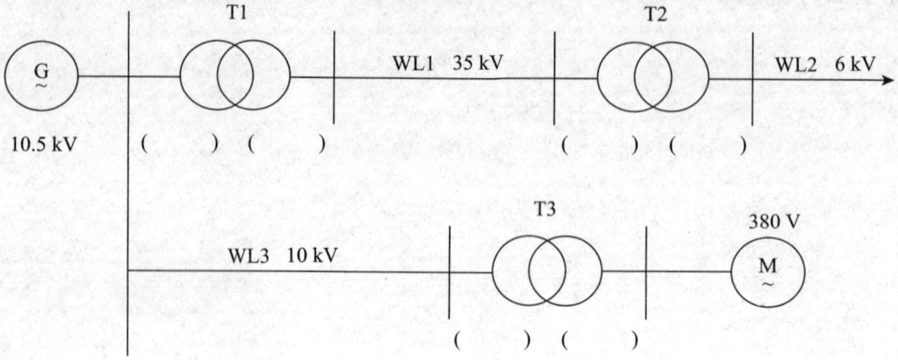

图 1-4 供电系统

课题二 工厂电力负荷及其确定

任务 1 电力负荷及负荷曲线

一、填空题（将正确答案填在横线上）

1. 电气设备的基本运行原则是电气设备在运行中可以________，但不能________。

2. 电力负荷在不同的场合可以有不同的含义，它可以指用电设备或用电单位，也可以指用电设备或用电单位的________或________的大小。

3. 工厂电力负荷是由________________所构成。

4. 电气设备正常运行条件下的最大有效输出功率，即电气设备可以长时间在____________输出运行而不会出现电气设备过热。

二、选择题（将正确答案的序号填在括号内）

1. 电力负荷的意义指的是工厂的用电设备组或用电单位所发生的（　　）电流。

A. 负荷　　B. 短路　　C. 负载　　D. 计算

2. 负荷曲线是表示电力负荷随时间变动情况按照（　　）的坐标而绘制的曲线。

A. 时间　　B. 电流　　C. 功率　　D. 电压

三、判断题（正确的打“√”，错误的打“×”）

1. 不同类型的用电设备组的设备容量的转换方式不同，其转换值相同。　　（　）
2. 同一设备在不同的暂载率下工作时，其输出功率是相同的。　　（　）

四、简答题

1. 什么是用电设备组的设备容量?

2. 用电设备按工作制分为哪几类？各有什么特点？

任务2　低压断路器的功能及选用

一、填空题（将正确答案填在横线上）

1. 低压断路器是________________和________________中最常用的一种配电器。
2. 低压断路器按结构形式可分为________和________断路器两大类。
3. 低压断路器是一种可以重复使用的____________元件，是集机械、电气结构于一体的组合电气元件。
4. 断路器的分、合闸操作方式目前一般有手动操作、电动机或电磁铁操作和____________操作三种方式。
5. 漏电断路器的主要电气参数值是动作电流值和____________。

二、选择题（将正确答案的序号填在括号内）

1. 导线保护用断路器主要用于照明线路和用电器具的控制与保护，额定电流在（　）A 范围内。

A. 6~40　　B. 6~50　　C. 6~60　　D. 6~70

2. 配电用断路器在低压配电系统中作过载、短路、欠电压保护之用，也可用作电路的不频繁操作，额定电流一般为（　　）A。

A. 100~4 000　　B. 100~5 000　　C. 100~6 000　　D. 100~7 000

3. 下列不属于低压断路器类型的是（　　）。

A. 框架式断路器　　B. 模块式保护器　　C. 微型断路器　　D. 塑壳式断路器

4. 下列不是低压断路器具有的保护作用的是（　　）。

A. 过电流　　B. 过负荷　　C. 欠压　　D. 过压

三、判断题（正确的打“√”，错误的打“×”）

1. 低压断路器按结构形式可分为万能式（又称框架式）和小型断路器两大类，其中小型断路器又可分为塑料外壳式和微型断路器两种。（　　）

2. 低压断路器是一种不可以重复使用的自动保护元件。（　　）

3. 只要是个断路器，就必须有过电流脱扣器。（　　）

四、简答题

1. 什么是低压断路器？

2. 低压断路器按照用途是怎样分类的？

3. 简述低压断路器的工作原理。

4. 在弹簧储能操作方式中，触发电磁机构的作用是什么？

5. 低压断路器具有哪几种保护动作脱扣器？

6. 一般小型断路器都有哪些类型的脱扣器？

7. 断路器又称“空气开关”，为什么？

8. 什么是断路器的壳架电流？

9. 什么是断路器的额定电流？

10. 什么是断路器的最大遮断电流？

11. 什么是断路器的额定运行短路分断能力？

12. 如何选用低压断路器？

13. 如何选择终端保护用漏电断路器的动作参数？

任务3 电力负荷的确定

一、填空题（将正确答案填在横线上）

1. 在工厂供配电系统中，选择配电装置和设备的容量或导线截面时，首先必须正确确定设备或导线所承担的____________。

2. 所谓“计算负荷”是由统计计算求出的，按____________选择电气设备的一个假定负荷。

3. 一个用电设备组运行时，其供电线路上的最大负荷总是比设备容量总和要____。

二、选择题（将正确答案的序号填在括号内）

1. 通常把根据（　　）min 的平均负荷所绘制的负荷曲线上的“最大负荷”称为“计算负荷”。

A. 30　　B. 60　　C. 120　　D. 150

2. 用电设备总容量应当乘以一个（　　）1 的系数会比较准确。

A. 大于　　B. 等于　　C. 小于　　D. 小于或等于

3. 根据需要系数的意义，下列不是需要系数应当考虑的因素是（　　）。

A. 同时使用系数　　B. 负荷系数　　C. 超负荷系数　　D. 线路供电效率

4. 用电设备组在实际运行时的平均效率 η 小于（　　），但对不同类型的负载变化很小。

A. 1　　B. 2　　C. 3　　D. 4

三、判断题（正确的打“√”，错误的打“×”）

1. 根据计算负荷选择的电气设备和导线，在实际长时间连续运行中，其最高温升不会超过允许值。（　　）

2. 持续时间在 30 min 以上的负荷值，才有可能造成导线的有效温升。（　　）

3. 当供电线路上只连接一台用电设备时，线路的计算负荷可按设备容量来确定。（　　）

四、简答题

1. 什么是需要系数?

2. 某机械加工车间三相 380 V 的线路上共接有如下设备：金属切削机床，电动机容量共 650 kW；通风机，容量共 35 kW。试按需要系数法分别确定各组及车间的计算负荷。

3. 某实验室安装有 9 台 220 V 单相电加热器，其中 4 台功率为 1 kW、3 台功率为 1.5 kW、2 台功率为 2 kW，试将这些设备的负荷合理分配到各相，计算其计算负荷，并选择断路器。

4. 某建筑工地 380 V 交流线路上装有表 2-1 所列用电设备，试按需要系数法确定其 P_{30}、Q_{30}、S_{30} 和 I_{30}。

表 2-1　某建筑工地 380 V 交流线路上所装用电设备

序号	设备名称	功率（kW）	台数	总功率（kW）	$\cos\varphi$	$\tan\varphi$	需要系数	备注
1	混凝土搅拌机	15	4	60	0.65	1.17	0.7	
2	砂浆搅拌机	5.5	4	22	0.65	1.17	0.7	
3	带式输送机	7.5	5	37.5	0.75	0.88	0.6	
4	起重机	37	2	74	0.5	1.73	0.25	$\varepsilon=25\%$
5	电焊机	22	3	66	0.35	2.68	0.35	$\varepsilon=40\%$

5. 完成教材中配电箱 AP2、AP3、AP4 的负荷计算。

任务 4　工厂的无功功率及其补偿

一、填空题（将正确答案填在横线上）

1. 在电工原理中规定，交流电流流过储能元件________和________的电流就是无功电流。

2. 在利用电磁感应传递功率的电气元件中，比如变压器，其一次侧流过的用于建立磁场的电流就是____________。

3. 电动机、变压器在传递功率之前，必须先建立________。

4. 在交流电路中，由________和________组成的电路元件称为感性负载。

5. 在交流电路中，感性负载的电流相位滞后电压相位一定角度，这取决于负载中____________的大小。

二、选择题（将正确答案的序号填在括号内）

1. 纯电容或者纯电感元件在交流电路里其电压相位和电流相位相差（　　）。

A. 45°　　B. 60°　　C. 90°　　D. 120°

2. 由于感性负载造成了电流相位的滞后，在一个变化周期内就出现了电压极性和电流极性不统一的时段，电流、电压（　　）以后就会出现负功率。

A. 相乘　　B. 相加　　C. 相减　　D. 相除

3. 工程上一般有（　　）种无功补偿方式。

A. 4　　B. 3　　C. 2　　D. 1

三、判断题（正确的打“√”，错误的打“×”）

1. 无功电流不做功，那这个电流就没用。（　　）

2. 纯电容和纯电感接在交流电路上只会产生无功功率。（　　）

四、简答题

1. 画出交流电路中感性负载的电压、电流时序波形图，并分析电压与电流的相位关系。

2. 交流电路里的负功率是怎样形成的？

3. 用波形图说明纯电感或纯电容在交流电路里没有任何功率消耗。

4. 为什么说交流电路里的纯电容和纯电感属于储能元件？

5. 简述无功补偿的基本原理和方式。

6. 用电路模型、相量图和波形图来说明补偿电容器柜被称为移相电容器柜和并联电容器柜的原因。

7. 工程上一般有哪些无功补偿方式？画出补偿原理示意图。

任务5 短路的原因与危害

一、填空题（将正确答案填在横线上）

1. 所谓“短路”是指三相系统中__________之间或__________之间或__________之间的非正常连接。

2. 短路的基本类型有三相短路、两相短路、__________________短路和__________________短路。

3. 电力系统以___________短路故障最多，发生三相短路的可能性最小。

4. 短路的主要原因是电气设备载流部分间的________被损坏。

5. 三相短路属于_________短路，其他几种形式的短路均为_________短路。

二、选择题（将正确答案的序号填在括号内）

1. 一般情况下，（　　）的短路电流最大。

A. 三相短路　　B. 两相短路　　C. 单相接地　　D. 两相接地

2. 电力系统发生短路时，短路回路的电流急剧（　　）。

A. 减小　　B. 增大　　C. 不变

3. 电力系统发生短路时，系统电压大幅度（　　）。

A. 增加　　B. 不变　　C. 下降

4. 在中压配电网中，（　　）kV 的系统属于中性点不接地系统。

A. 2　　B. 5　　C. 10　　D. 20

三、判断题（正确的打“√”，错误的打“×”）

1. 为了使电气设备在最严重的短路情况下也能可靠工作，在选择和校验电气设备的短路电流计算中，以三相短路电流为主。（ ）

2. 短路时往往伴随有电弧的产生，能量极大、温度极高的电弧不仅可能烧坏故障元件本身，还可能烧坏周围设备或危及人身安全。（ ）

四、简答题

1. 短路故障的基本类型有哪些？画出示意图。

2. 短路的主要原因有哪些？

3. 分别说明中性点不同接地方式发生单相接地故障时的特点。

课题三　电力线路的结构与敷设

任务1　架空线路的结构与敷设

一、填空题（将正确答案填在横线上）

1. 电力线路是电力系统的重要组成部分，是用来________和分配电能的。

2. 电力线路按结构不同可分为________线路、________线路及________线路三种。

3. 架空线路主要由导线、________、________和________等构成。

4. 架空线路的档距又称________，是指同一线路上相邻两根杆塔之间的水平距离。

二、选择题（将正确答案的序号填在括号内）

1. 下列不是架空线路优点的是（　　）。

A. 投资低　　B. 施工方便　　C. 便于维护　　D. 占用空间

2. 架空线路的档距一般不超过（　　）m。

A. 100　　B. 75　　C. 50　　D. 25

3. TN-S 系统供电时，导线和保护零线在同一横担架设时的相序排列：面向负荷从左至右为（　　）。

A. L1、N、L2、L3、PE　　B. L1、L2、L3、PE、N

C. L2、L3、L1、N、PE　　D. L2、N、L1、L3、PE

三、判断题（正确的打“√”，错误的打“×”）

1. 线路绝缘子用来将导线固定在杆塔上，并使导线与杆塔绝缘。（　　）

2. 耐张杆要能承受两侧导线较大的拉力差作用，耐张杆又称承力杆。（　　）

四、简答题

1. 架空线路的任务及特点是什么？

2. 架空线路的基本结构和各组成部分的作用是什么？

3. 绝缘子的作用是什么？可分为几大类？

任务 2　电缆线路的结构与敷设

一、填空题（将正确答案填在横线上）

1. 电缆线路与架空线路相比，具有__________、__________、__________等缺点。

2. 电缆线路具备____________、____________、____________、____________等优点。

3. 具有________、________、________等结构的绝缘导线就是电缆。

4. 聚氯乙烯绝缘电缆一般最高允许温度为______℃。

5. 交联聚乙烯绝缘电缆最高允许温度为______℃。

二、选择题（将正确答案的序号填在括号内）

1. 电缆穿保护管时，所用保护管的内径不得小于电缆外径或多根电缆包络外径的（　　）倍。

A. 2　　B. 3　　C. 1　　D. 1.5

2. 直埋敷设于非冻土地区的电缆，其外皮至地下构筑物基础的距离不得小于（　　）m。

A. 0.2　　B. 0.3　　C. 0.4　　D. 0.5

三、判断题（正确的打“√”，错误的打“×”）

1. 选择电缆敷设路径时，应考虑以下原则：避免电缆遭受机械外力、过热、腐蚀等的危害；在满足安全要求条件下应使电缆较短；便于敷设、维护；应避开将要挖掘施工的地方。（　）

2. 敷设电缆一定要严格遵守有关技术规程的规定和设计的要求。竣工后，要按规定的手续和要求进行检查和验收，确保线路的质量。（　）

四、简答题

1. 电缆敷设的一般要求有哪些？

2. 使用兆欧表对电缆进线进行绝缘测量时有哪些注意事项？

任务3　低压供配电系统的接地与接零

一、填空题（将正确答案填在横线上）

1. ________导体和________导体是完成用电的基本条件，而________导体却关乎着用电的安全。

2. 按作用不同，接地可分为________接地和________接地两种。

3. 工作接地的接地电阻 $R_0 \leqslant$____Ω，但一般控制在____Ω 以内。

4. 中性导体与系统中性点连接，起____________作用，中性导体属于________导体。

5. 国际电工委员会将配电网接地方式分为______系统、______系统、______系统。

二、选择题（将正确答案的序号填在括号内）

1. 在单相低压回路的配电系统中，通常配置有相导体 L、中性导体 N 和保护导体（　　）。

A. PE　　B. PC　　C. EP　　D. CP

2. 保护接地的接地电阻 $R_E \leqslant 10$ Ω，但一般控制在（　　）Ω 以内。

A. 4　　B. 3　　C. 2　　D. 1

3. 在工程中，中性导体的颜色为（　　）。

A. 黄色　　B. 淡蓝色　　C. 蓝色　　D. 淡黄色

三、判断题（正确的打"√"，错误的打"×"）

1. 接地是指从电网的运行或人身安全的需要出发，人为将电气设备的某一部分通过接地装置与大地做良好的电气连接。（　　）

2. 发电机、变压器的中性点接地属于保护接地。（　　）

3. 保护导体不参与用电行为，正常情况下不应带电或者载流。（　　）

四、简答题

1. 采用保护接地和保护接零的意义是什么？

2. 什么是工作接地？什么是保护接地？

3. 什么是保护导体？工程中保护导体的导线颜色是怎么规定的？

4. 接地方式的文字代号为 TN、TT、IT，均使用了两个字母，简述接地方式文字代号的意义。

5. 什么是 TT 系统？画出示意图。

6. 什么是 TN-C 系统？画出示意图。

7. 简述接零保护的基本原理，并画出动作原理示意图。

8. TT 系统的保护原理属于接零保护还是接地保护？试评价它的保护效果。

9. 分析 TN-C 系统的保护缺陷。

10. 画图说明 TN-S 系统，并分析其保护优势和电路特点。

11. 画图说明 TN-C-S 系统，并分析其特点。

12. 什么是重复接地？它有什么作用？

13. 重复接地是怎样发挥作用的？画出其作用机理示意图。

14. 什么是IT系统？

15. 要使IT系统发生漏电时避免触电伤害，IT系统的运行必须同时满足哪些必要条件？

16. 隔离变压器的保护原理是什么？

17. 图 3-1 为挂墙式动力配电箱装配示意图，根据配电箱的现状回答以下问题。

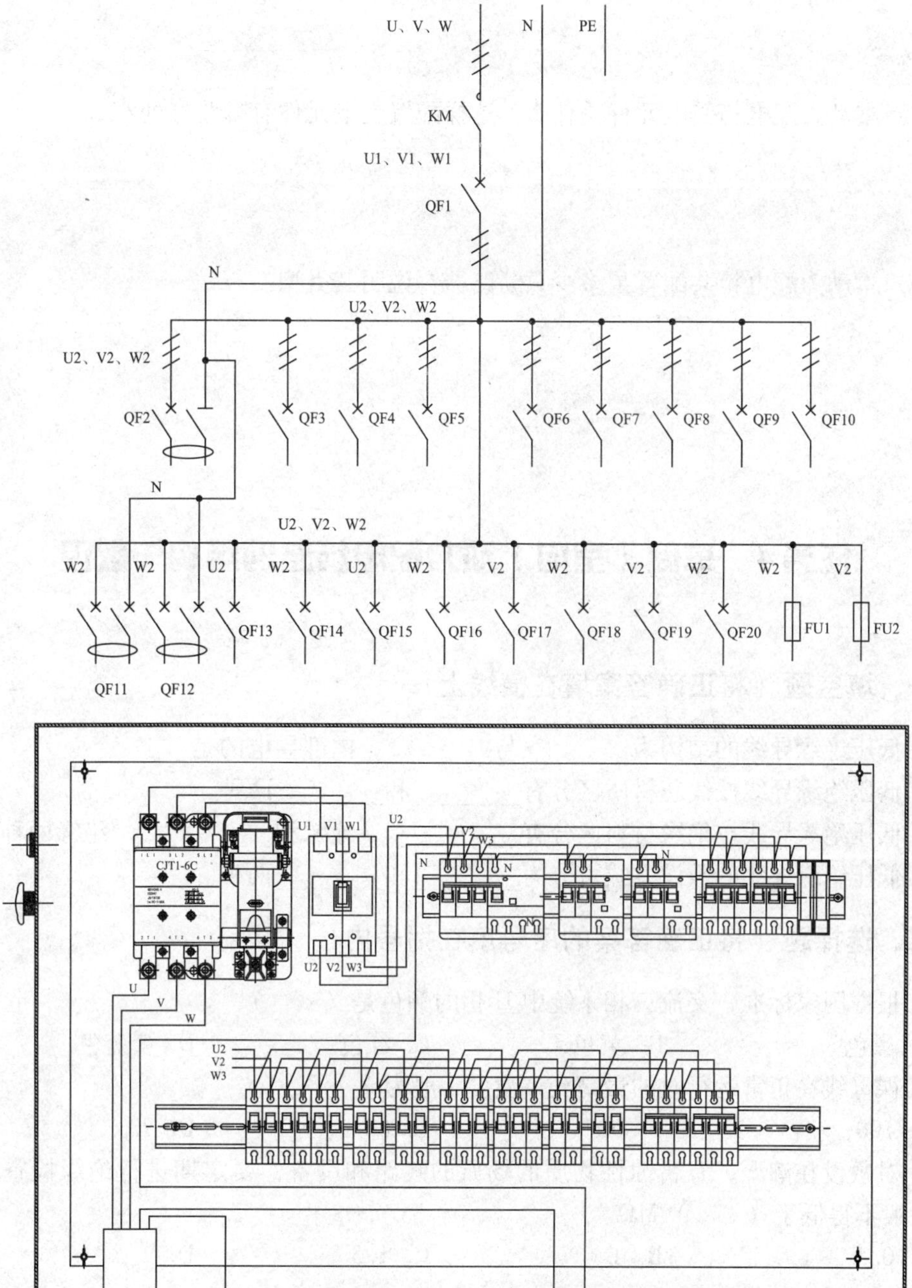

图 3-1　挂墙式动力配电箱装配示意图

（1）本动力配电箱的电源系统运行的是什么接地系统？

（2）本动力配电箱受电元件是什么？这样配置受电元件有哪些好处？

（3）本动力配电箱共配置了多少只断路器？说明其类型。

任务4　车间（室内）动力配电线路的结构与敷设

一、填空题（将正确答案填在横线上）

1. 低压绝缘导线的结构为________与________，内部导电的是________。
2. 低压绝缘导线按线芯材质区分有________和________两种。
3. 低压绝缘导线按绝缘材料区分有____________绝缘和____________绝缘两种。
4. 低压绝缘导线的敷设方式可分为________和________两种。

二、选择题（将正确答案的序号填在括号内）

1. 根据国家标准，交流三相系统中U相的颜色是（　　）。

A. 黑色　　B. 黄色　　C. 红色　　D. 淡蓝色

2. 裸母线在正常运行时的最高允许温度一般为（　　）℃。

A. 100　　B. 90　　C. 80　　D. 70

3. 对敷设在潮湿、有腐蚀性物质的场所的线路和设备，要定期进行绝缘检查，绝缘电阻一般不得低于（　　）MΩ。

A. 0.5　　B. 1　　C. 1.5　　D. 2

三、判断题（正确的打“√”，错误的打“×”）

1. 线槽布线和穿管布线的导线中间不允许有接头。（　　）
2. 工厂车间线路的敷设包括车间主线路的敷设和设备出线的敷设。（　　）
3. 电缆桥架的支撑或固定可依托建筑结构的立柱或采用墙体安装支架的方式，也可

利用建筑结构的天花板，使用专用吊具进行吊装固定。（ ）

4. 工程上选用导线时，应慎重选择铜芯导线，主要是由于铜芯导线发热较严重和连接限制等因素。（ ）

5. 橡胶绝缘导线简称 BV 线。（ ）

四、简答题

1. 在配电系统中，对导线的颜色是怎样规定的？

2. 低压绝缘导线的敷设都有哪些要求？

3. 对运行中的车间动力配电线路的巡视检查是怎样规定的？

课题四　工厂变配电所的电气设备及一次系统

任务1　电弧的产生及灭弧方法

一、填空题（将正确答案填在横线上）

1. 电弧是一种____________现象。
2. 开关电器是用来________或________电路的电气设备。
3. 吹动电弧的方式有________和________两种。
4. 带电质点消失的过程称为____________。
5. 如果去游离________游离，则电弧电流减小，电弧熄灭。

二、选择题（将正确答案的序号填在括号内）

1. 利用灭弧介质灭弧的原理是（　　）。

A. 降温进而抑制电弧

B. 增强去游离能力

C. 加快弧隙电压恢复速度

2. 根据拉长电弧灭弧的原理，常用的灭弧装置是（　　）。

A. 多断口灭弧　　B. 窄缝灭弧

C. 电动力吹弧和磁吹灭弧　　D. 冷却灭弧

3. 利用气体吹弧的灭弧原理是（　　）。

A. 降温，进而抑制电弧　　B. 拉长电弧增强去游离能力

C. 抑制游离作用　　D. 加快离子扩散

4. 真空断路器的灭弧方法属于（　　）灭弧。

A. 空气　　B. 真空

C. 混合气体　　D. 惰性气体

5. 下列开关中灭弧最快的是（　　）。

A. 真空开关　　B. 少油开关

C. 空气开关　　D. 多油开关

三、判断题（正确的打“√”，错误的打“×”）

1. 将触头置于真空容器中，当交流电流过零时电弧立即熄灭。（　　）
2. 电弧在与固体介质接触时，将会冷却，可迅速熄灭。（　　）

四、简答题

1. 开关电器断开大电流时产生的电弧有哪些危害？

2. 简述电弧的形成过程。

3. 开关电器中熄灭电弧的基本方法有哪些？

任务2 高压断路器

一、填空题（将正确答案填在横线上）

1. 高压断路器的基本结构包括____________、中间传动机构、____________、绝缘支撑元件和基座。

2. ____________是断路器的核心。

3. 高压断路器按其安装地点不同可分为__________和__________两种。

4. 真空断路器主要由____________、____________和____________三部分组成。

二、选择题（将正确答案的序号填在括号内）

1. 断路器的文字符号为（　　）。

A. KM　　B. QF　　C. RF　　D. FU

2. 真空断路器的动、静触头累积磨损厚度超过（　　）mm 就要更换真空管。

A. 1　　B. 5　　C. 3　　D. 7

3. 控制组件各个电气及控制回路元件的绝缘电阻应不小于（　　）。

A. 2 kΩ　　B. 2 MΩ　　C. 20 MΩ　　D. 20 kΩ

三、判断题（正确的打“√”，错误的打“×”）

1. 真空断路器是指触头在真空中接通和分断并利用真空原理来保护触头和灭弧的断路器。（　　）

2. 手动式操作机构的最大缺点是操作功率受人力限制，合闸时间长，能实现自动重合闸。（　　）

3. 电磁式操作机构用电磁铁将电能转变为机械能作为合闸动力。（　　）

4. 在 10 kV 供配电系统中根据灭弧介质的不同，广泛使用的是真空断路器和六氟化硫（SF_6）断路器等。（　　）

四、简答题

1. 高压断路器的作用是什么？

2. 高压断路器有哪几类？

3. 断路器的主要技术参数有哪些？

4. 真空断路器有什么特点？

5. 什么是高压断路器的操作机构？

6. 什么是弹簧储能式操作机构？

7. 简述高压断路器操作机构的组成。

任务3　高压隔离开关和高压负荷开关

一、填空题（将正确答案填在横线上）

1. 高压隔离开关是在高压电气装置中保证工作安全的____________。
2. 高压负荷开关具有简单的灭弧装置，主要用于关合及开断正常的____________。
3. 高压隔离开关的构成必须具备的两个关键条件是____________________和____________________。
4. 高压隔离开关用其明显的分断状态直观体现高压电源的________状态。
5. 用绝缘杆操作单极隔离开关时，合闸应先合________相，后合________相。

二、选择题（将正确答案的序号填在括号内）

1. 对于 10 kV 的高压隔离开关，在正常情况下分、合励磁电流不超过（　　）。

A. 5 A　　B. 2 A　　C. 10 A　　D. 5 mA

2. 下图中的开关类型是（　　）。

A. 高压隔离开关　　B. 高压真空负荷开关

C. 负荷开关　　D. 隔离开关

三、判断题（正确的打“√”，错误的打“×”）

1. 高压隔离开关的触头完全敞露，可以非常明显地看出开关是否已经断开，以判别线路是否停电。（　　）

2. 高压隔离开关结构简单，没有灭弧装置，不能用来接通和断开负荷电流及短路电流。（　　）

3. 高压隔离开关按安装地点分类，可分为户内型（GN 型）和户外型（GW 型）两种。（　　）

四、简答题

1. 简述高压隔离开关的操作原则。

2. 什么是高压负荷开关？

任务 4　高压熔断器

一、填空题（将正确答案填在横线上）

1. 高压熔断器主要由____________、支持熔体的____________和外壳构成。
2. 熔件的特点是________低、________性能好、不易________。
3. 高压熔断器按安装条件分为________型和________型两大类。
4. ________________是电力系统中最传统、最简单的保护电器。
5. 熔件一般用________、________、________、________、________等金属材料。

二、选择题（将正确答案的序号填在括号内）

1. 高压熔断器在电路中起（　　）作用。

A. 限流　　B. 保护　　C. 变压　　D. 整流

2. 高端高压熔断器一般在电流上升到峰值之前的 2 ms 内就能可靠截流，（　　）ms 内可有效切除故障。

A. 3~4　　B. 7~8　　C. 1~2　　D. 8~10

3. 户内型高压熔断器的最高额定电压能达（　　）kV。

A. 4　　B. 10　　C. 40.5　　D. 50

4. 室外（　　）kV 配电变压器较多采用 RW10-10 型高压跌落式熔断器。

A. 10~20　　B. 1~10　　C. 30~40　　D. 6~10

5. RW10-10/25-50 型高压熔断器的额定最大断开电流为（　　）kA。

A. 50　　B. 25　　C. 10　　D. 20

三、判断题（正确的打“√”，错误的打“×”）

1. 高压熔断器的特点是动作迅速、可靠性高、分辨率高、结构简单、成本低等。（　　）
2. 外壳是熔断器的主要部件。（　　）

3. 户外型高压熔断器主要为高压喷射式熔断器，此类熔断器在熔体熔断产生电弧时，需要等待电流过零时才能开断电路，无限流作用。（　　）

4. 高压熔断器按是否有限流作用可分为限流式和非限流式。（　　）

四、简答题

1. 什么是高压熔断器?

2. 与高压断路器相比较，限流式高压熔断器有什么优势?

3. 简述高压跌落式熔断器的动作原理。

任务5　电力变压器

一、填空题（将正确答案填在横线上）

1. 单台变压器按照相数来区分，可以分为________变压器和________变压器。

2. 变压器在运行中短路时，巨大的短路电流会产生巨大的______损。

3. 变压器联结组别是指变压器一、二次绕组因采取不同的联结方式而形成变压器一、二次对应线电压之间的____________关系。

4. 变压器额定容量用______来表示。

二、选择题（将正确答案的序号填在括号内）

1. 我国电网的额定频率为（　　）Hz。

A. 220　　B. 80　　C. 60　　D. 50

2. A 级绝缘变压器的周围环境温度一般最高允许为（　　）℃。

A. 60　　B. 50　　C. 40　　D. 30

3. 一般二次侧中性导体电流不可超过低压绕组额定电流的（　　）。

A. 50%　　B. 80%　　C. 10%　　D. 25%

4. 一般常用变压器是 A 级绝缘，其最高允许温度为（　　）℃。

A. 105　　B. 40　　C. 95　　D. 85

三、判断题（正确的打“√”，错误的打“×”）

1. 在三相电力系统中，一般应采用三相变压器。（　　）
2. 变压器的额定值通常标在变压器的铭牌上。（　　）
3. 变压器的温度与周围空气温度的差值叫变压器的温升。（　　）
4. 变压器的过负荷能力是指它在较短的时间内所能输出的最大容量。（　　）
5. 三相变压器运行时要控制二次侧的三相负荷的对称。（　　）
6. 从变压器油枕上的油位指示器上可以看到变压器油箱的油位状况。（　　）

四、简答题

1. 什么是变压器？变压器在电力系统中的作用是什么？

2. 简述变压器的分类。

3. 简述配电变压器的绕组结构与接法。

4. 变压器的铭牌数据主要有哪些?

5. 什么是变压器的联结组别?

6. 简述变压器油的作用。

7. 引起变压器过热的主要原因是什么?

8. 运行中的变压器出现哪些异常现象后必须立即停止运行？

9. 为什么国家标准规定低压 TN 及 TT 系统宜选用 D，yn11 联结的变压器？

10. 什么是变压器的允许温度？

11. 什么是变压器的允许温升？

12. 什么是变压器的过负荷能力？

13. 变压器允许短路的规定有哪些？

14. 运行中的变压器一般都有哪些常见故障？

15. 变压器什么运行状态会造成变压器中性点电压发生偏移？

16. 对于室外运行的变压器，巡视检查时应注意什么？

17. 变压器运行中温升超过正常范围是怎么造成的？

18. 运行中的变压器三相电压不平衡是由哪些原因导致的？

19. 运行中的变压器出现变压器呼吸器或安全气道喷油是由什么原因造成的？

20. 怎么判断运行中的变压器油位降低？

21. 运行中的变压器发生变压器继电保护动作意味着什么？

22. 分析运行中的变压器气体继电器（瓦斯断电器）动作的原因。

23. 简述变压器瓦斯保护动作（气体继电器动作）后的处理方式。

24. 运行中的变压器出现瓦斯保护动作或差动保护动作意味着变压器出现什么故障？

25. 试确定图 4-1 所示变压器的联结组别，并画出相量图。

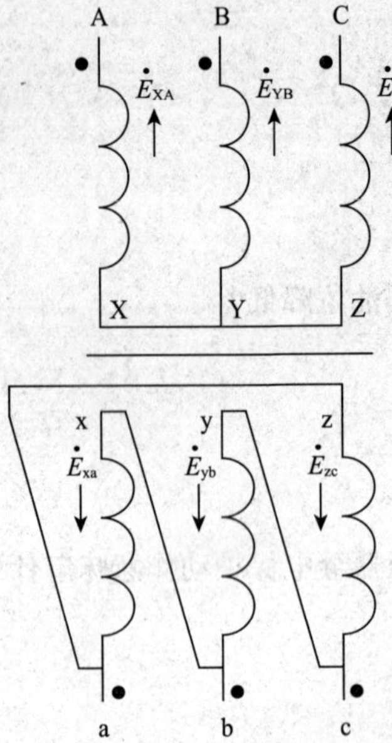

图 4-1　一、二次接线图

26. 试确定图 4-2 所示变压器的联结组别，并画出相量图。

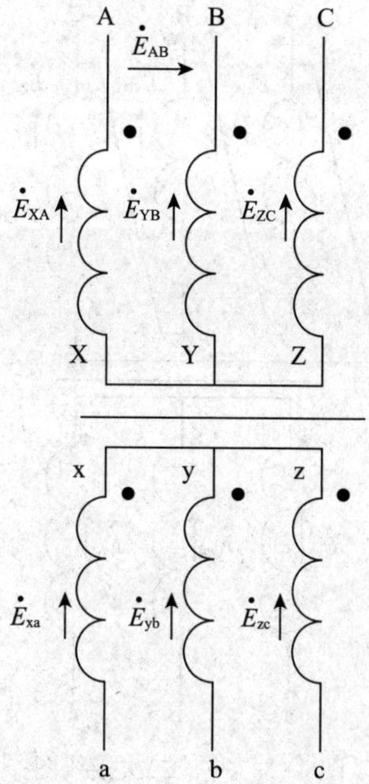

图 4-2　一、二次接线图

27. 试确定图 4-3 所示变压器的联结组别，并画出相量图。

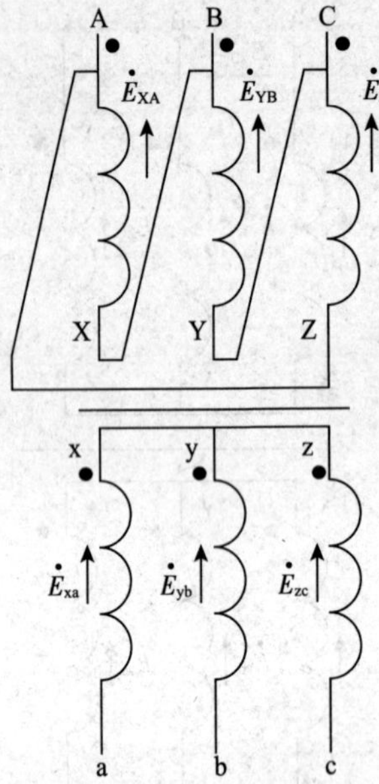

图 4-3　一、二次接线图

28. 试确定图 4-4 所示变压器的联结组别，并画出相量图。

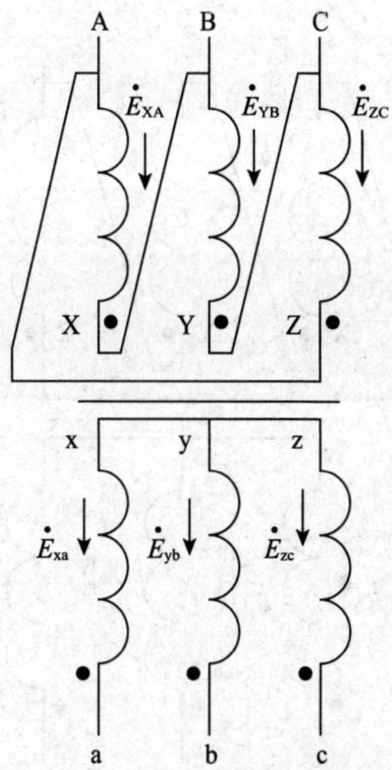

图 4-4　一、二次接线图

29. 试确定图 4-5 所示变压器的联结组别，并画出相量图。

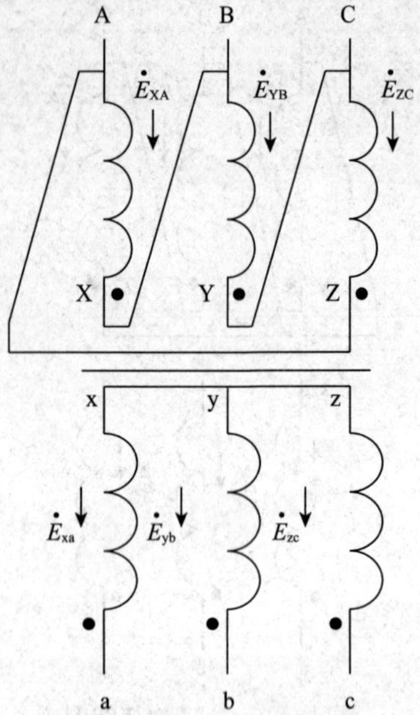

图 4-5　一、二次接线图

30. 试确定图 4-6 所示变压器的联结组别，并画出相量图。

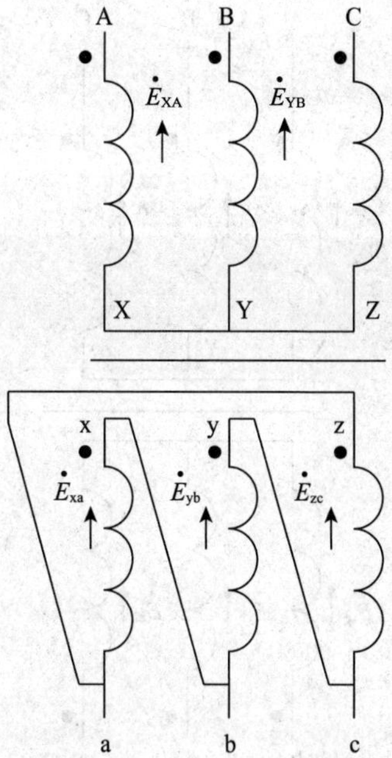

图 4-6　一、二次接线图

31. 试确定图 4-7 所示变压器的联结组别，并画出相量图。

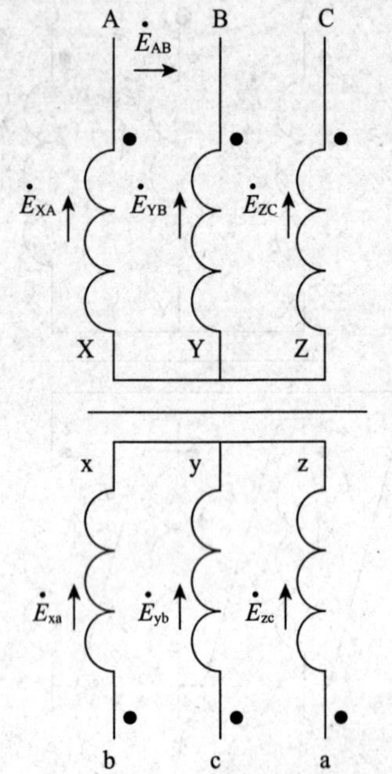

图 4-7　一、二次接线图

32. 试确定图 4-8 所示变压器的联结组别，并画出相量图。

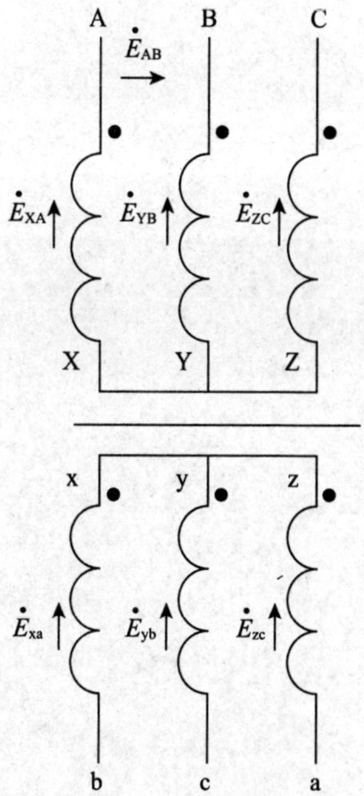

图 4-8　一、二次接线图

33. 运行中的变压器出现过热故障时怎么进行处理？

任务6　互感器

一、填空题（将正确答案填在横线上）

1. 电流互感器的文字符号是______。
2. 互感器按绝缘可分为________式、________式和________式等。
3. 当电流互感器一次绕组有较大的电流通过时，二次绕组不允许________。
4. 电压互感器二次侧所接测量仪表和继电器的电压线圈应按要求的________连接。

二、选择题（将正确答案的序号填在括号内）

1. 浇注式电压互感器用于（　　）kV。

A. 3~35　　B. 35~50　　C. 220~380　　D. 1~3

2. 油浸式电压互感器用于（　　）。

A. 3~35 kV　　B. 35 kV 及以上　　C. 220~380 kV　　D. 1~3 kV

3. 三相四线电能计量表的最大额定电流为（　　）A。

A. 50　　B. 300　　C. 120　　D. 200

4. 电压互感按相数可分为单相式和三相式，只有（　　）kV 及以下才制成三相式。

A. 10　　B. 1　　C. 35　　D. 1 000

三、判断题（正确的打“√”，错误的打“×”）

1. 电压互感器是一种特殊的变压器，其实质相当于容量较小的降压变压器。 （ ）
2. 铁芯和二次绕组的一端必须可靠接地。 （ ）
3. 电压互感器在工作时，其二次侧允许短路。 （ ）

四、简答题

1. 什么是互感器？

2. 简述互感器在供配电系统中的作用，并画出互感器的应用示意图。

3. 什么是电流互感器？

4. 简述电流互感器的工作原理。

5. 运行中的电流互感器二次侧为什么不允许开路?

6. 简述电流互感器一次、二次侧标注的标识 L1、L2 和 K1、K2 的含义。

7. 画图说明电流互感器的一相式接线，并说明其用途。

8. 画图说明电流互感器的两相电流和接线，并分析其应用原理。

9. 画图说明电流互感器的两相电流差接线原理，并说明其用途。

10. 画图说明电流互感器的三相星形接线原理，并说明其用途。

11. 什么是电压互感器？

12. 使用电压互感器时应注意哪些事项？

任务 7 工厂变配电所的电气主接线

一、填空题（将正确答案填在横线上）

1. 电气主接线又称一次接线，是用来________、________和________电能的电路。
2. 对电气主接线的基本要求有__________、__________、__________、__________。
3. 电气主接线是以________________来表示的。
4. 母线起着________和________电能的作用。

二、选择题（将正确答案的序号填在括号内）

1. 软母线是指多股铜绞线或钢芯铝绞线，应用于（　　）的户外配电装置。

A. 35 kV 以下　　B. 10 kV 以上　　C. 35 kV 以上　　D. 1 000 kV 以上

2. 工厂硬母线主要应用于（　　）的户内配电装置。

A. 35 kV 及以下　　B. 35 kV 以上　　C. 10 kV 以上　　D. 100 kV 以上

3. 双母线接线形式适用于容量大、出线回数多的工厂总降压变电所的（　　）母线系统。

A. 35~1 000 kV　　B. 35~110 kV　　C. 110 kV 以上　　D. 35 kV 以下

4. 规模大点的工厂变电所中一般装设两台或两台以上主变压器，这主要是为了（　　）。

A. 提高供电可靠性　　　　B. 增加能耗

C. 提高供电安全性　　　　D. 分压延长使用寿命

三、判断题（正确的打“√”，错误的打“×”）

1. 双电源单母线分段接线形式的两段母线可分列运行，也可并列运行。　（　　）

2. 双母线接线形式的特点是供电可靠性高，检修母线时不中断供电。　（　　）

3. 单母线接线形式具有分配控制简单清晰、设备少、投资小、运行操作方便且有利于扩建等优点。　（　　）

4. 装有两台及以上主变压器的变电所中，当一台主变压器断开时，其余主变压器的容量一般保证60%的全部负荷，但应重点保证用户的一级负荷和大部分二级负荷。　（　　）

四、简答题

1. 什么是工厂供配电系统的电气主接线？

2. 变电所变压器的选择原则是什么？

3. 什么是母线？

4. 工厂供配电系统常用的电气主接线形式有哪几种？

5. 简述并画图说明双电源单母线分段接线，并说明它的特点。

6. 简述并画图说明双母线接线，并说明它的特点。

7. 简述并画图说明线路—变压器组接线，并说明它的特点。

任务8　工厂变配电所的成套配电装置

一、填空题（将正确答案填在横线上）

1. 配电装置按其组装方式不同可分为在现场组装的__________配电装置和制造厂成套制造的__________配电装置。

2. 成套配电装置分为________________和高压开关柜等。

3. 高压开关柜分为________式和________式两种。

4. 移开式高压开关柜整体是由________和________两部分组成。

二、选择题（将正确答案的序号填在括号内）

1. 我国目前生产的（　　）kV 高压开关柜都采用空气和瓷、塑料绝缘子作绝缘材料。

A. 1~10　　B. 20~40　　C. 35~110　　D. 10~35

2. GCK 型抽出式低压开关柜最大工作电压为（　　）V。

A. 380　　B. 660　　C. 500　　D. 800

3. GCK 型抽出式低压开关柜最大工作电流为（　　）A。

A. 3 150　　B. 800　　C. 1 000　　D. 2 800

4. 工厂低压三相配电电压一般选择（　　）V。

A. 380　　B. 220　　C. 660　　D. 800

三、判断题（正确的打“√”，错误的打“×”）

1. 若动力配电箱受电元件为接触器，接触器不能作为隔离元件，停电检修时须手动拉下具有隔离功能的开关电器。（　　）

2. GCK 系列开关柜由动力配电中心（PC）柜和电动机控制中心（MCC）柜两部分组成。（　　）

3. 低压成套配电装置一般称为低压配电屏，包括低压配电柜和配电箱。（　　）

4. 移开式高压开关柜为封闭结构，具有密封性好、维护工作量小、检修方便和供电可靠性高的优点。（　　）

5. 成套配电装置大多为户外式。（　　）

四、简答题

1. 什么是配电装置？

2. 配电装置是怎样分类的？

3. 什么是成套配电装置？

4. 简述成套配电装置的分类与特点。

5. 作为成套配电柜的高压开关柜，其安全措施的“五防”是指什么？

6. 简述移开式高压开关柜的组成及其特点。

7. 简述 GCK 型抽出式低压开关柜的结构特点。

8. 工程上动力配电箱和照明配电箱是怎么标识的？

9. 电气设备的三种状态是哪三种？改变电气设备状态的操作在行业里叫做什么操作？

10. 什么是电气设备的倒闸操作？

11. 电气设备的倒闸操作意味着发生什么？

12. 倒闸操作中有关严肃调度命令的规定有哪些？

13. 值班人员接受调度预发令时应该怎么做？

14. 为什么要认真执行倒闸操作票制度？

15. 《电业安全工作规程》规定哪些操作可以不填写操作票？

16. 倒闸操作的一般原则是怎样规定的？

17. 什么是倒闸操作的操作票？

18. 倒闸操作的操作要求是怎样规定的？

19. 为了防止带负荷分、合隔离开关，倒闸操作时应遵循什么规定？

20. 倒闸操作的操作执行者在各类操作中应该注意的事项有哪些？

21. 电气设备或线路送电前的安全措施有哪些？

22. 简述倒闸操作中高压隔离开关的操作要求。

23. 简述倒闸操作中高压跌落式熔断器的操作要求。

24. 简述操作票的填写注意事项。

25. 操作票操作项目的内容都有哪些？

26. 操作票使用的技术术语是怎么规定的？

27. 对于特殊情况下填写操作票是怎样规定的？

28. 简述倒闸操作的执行步骤。

29. 倒闸操作过程中，如产生疑问应怎样处理？

30. 变配电所倒闸操作模拟训练。

模拟操作的供配电系统电气主接线图如图 4-9 所示。此次操作只运行单电源供电模式，即乙电源不予投入，T1、T2 均由甲电源供电。根据图 4-9 的系统图运行状态，做如下模拟操作：

（1）将系统图中的 2 号主变压器 T2 由冷备用转入运行状态；

（2）将系统图中的 2 号主变压器 T2 由运行状态进行停电维护。

答题要求：根据操作要求填写模拟操作过程的操作票，画出操作后的系统电气主接线图。

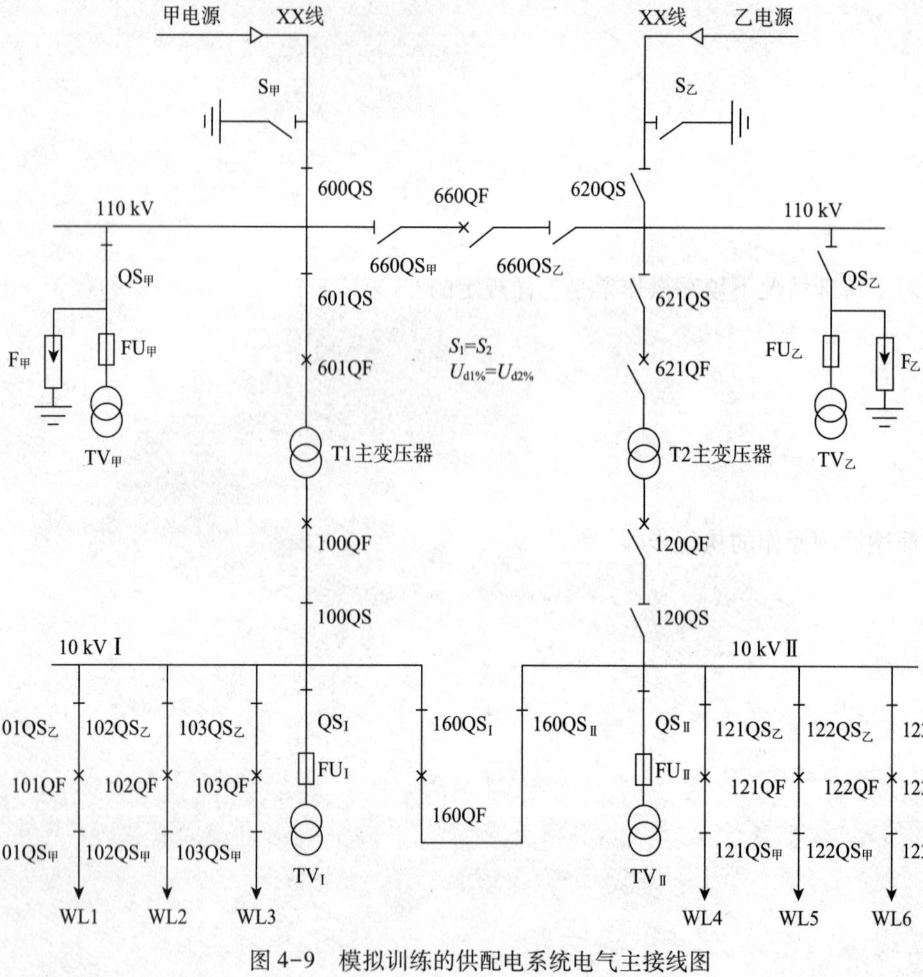

图 4-9　模拟训练的供配电系统电气主接线图

31. 某 10/0.4 kV 变电所全所停电检修及恢复供电倒闸操作模拟训练。

图 4-10 所示为某 10/0.4 kV 变电所电气主接线图，根据电气主接线图填写全所停电及恢复供电的操作票，并画出每次操作后的变电所电气主接线图。

本模拟操作有两项操作：

（1）送电状态下的停电操作；

（2）停电检修状态下的恢复送电操作。

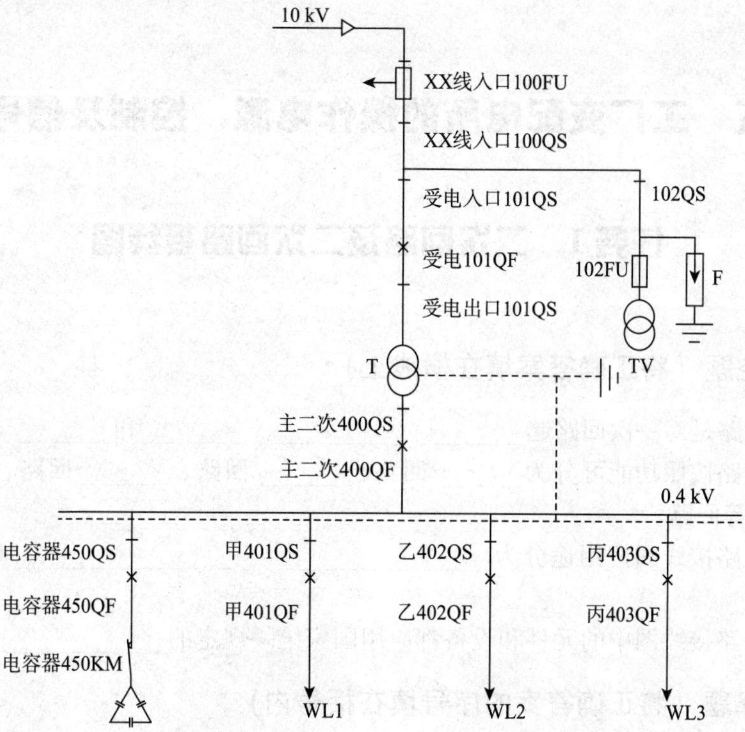

图 4-10　某 10/0.4 kV 变电所电气主接线图

模块二　工厂供配电系统二次部分

课题五　工厂变配电所的操作电源、控制及信号回路

任务 1　二次回路及二次回路接线图

一、填空题（将正确答案填在横线上）

1. 二次回路是对一次回路起________、________、________和________作用的回路。

2. 二次回路按照功能可分为_______回路、_______回路、_______回路、_______回路以及自动装置等回路。

3. 二次回路接线图按用途分为________________、________________和________________。

4. 二次回路接线图中的元件和设备都应用国家统一规定的____________表示。

二、选择题（将正确答案的序号填在括号内）

1. 二次回路按照电路类别可分为（　　）种回路。

A. 1　　B. 2　　C. 3　　D. 4

2. 时间继电器的文字符号为（　　）。

A. KA　　B. KV　　C. KT　　D. KM

三、判断题（正确的打"√"，错误的打"×"）

1. 二次回路是实现变配电所安全、经济、稳定运行的重要保障。（　　）

2. 二次回路的任务是反映一次系统的工作状态，控制和调整一次设备，并在一次系统发生事故时将故障部分退出运行。（　　）

3. 安装接线图是以回路为基础，将二次回路元件的线圈和触点分画在不同的回路中。（　　）

四、简答题

1. 简述图 5-1 所示过电流保护原理图的保护动作原理。

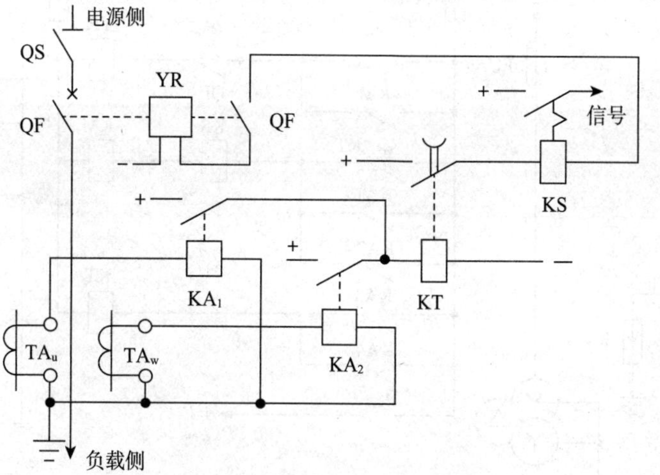

图 5-1　过电流保护原理图

2. 什么是二次回路的原理接线图？

3. 什么是二次回路的展开接线图？

4. 分析图 5-2 所示 10 kV 线路过电流保护展开图的保护原理。

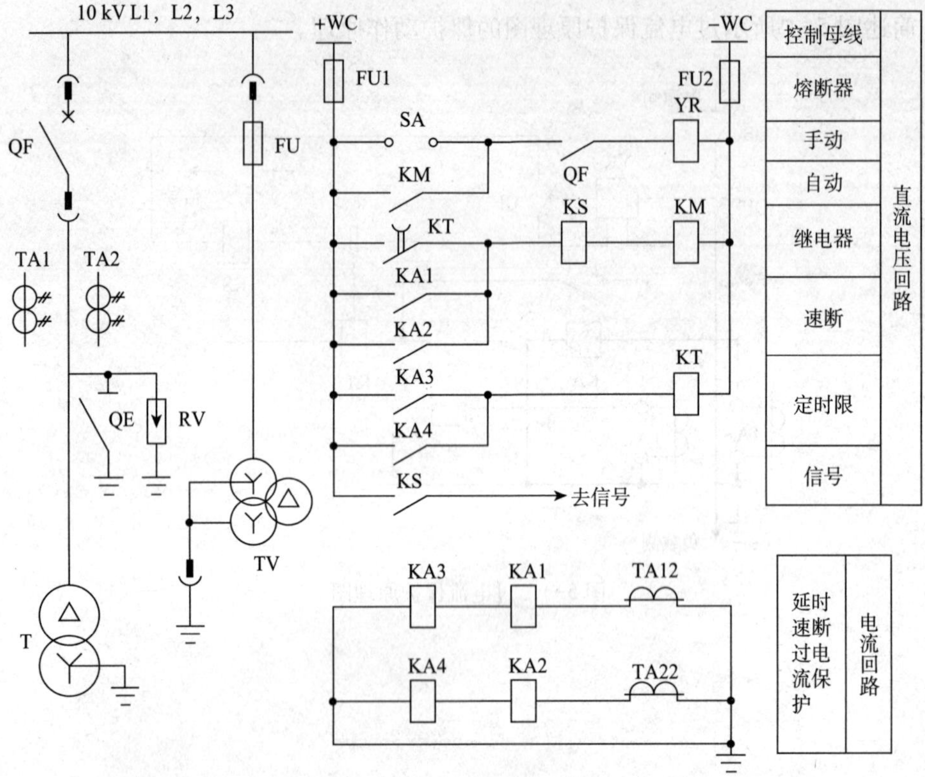

图 5-2　10 kV 线路过电流保护展开图

5. 绘制展开图应遵循哪些原则？

6. 在二次回路屏背面接线图中普遍使用的是“相对标号”，什么是相对标号法？

任务 2　工厂变配电所的操作电源

一、填空题（将正确答案填在横线上）

1. 工厂变配电所为工厂的用电设备提供的交流供电电源称为____________。

2. 变配电所自身的____________的控制、继电保护、____________和____________所使用的电源称为操作电源。

3. 即使发生严重短路事故，操作电源也不允许出现中断，应保持足够的________和足够的________。

4. 操作电源的电压等级可分为______V、______V、______V、______V。

二、选择题（将正确答案的序号填在括号内）

1. 下列（　　）不是由操作电源供电的。

A. 继电保护　　B. 自动装置　　C. 照明回路　　D. 信号装置

2. 交流操作电源由互感器（　　）侧输出或直接由所用变压器提供。

A. 一次　　B. 二次　　C. 三次　　D. 四次

3. 储电式直流操作电源已广泛应用于（　　）kV 以下的变配电所。

A. 30　　B. 20　　C. 15　　D. 10

三、判断题（正确的打“√”，错误的打“×”）

1. 由于二次回路的操作电源是供给高压断路器分合闸回路、继电保护和自动装置、信号回路、监测系统及其他二次回路所需的电源，因此对操作电源的要求不高。（　　）

2. 交流操作电源就是间接使用交流电源作为二次回路系统的工作电源。（　　）

四、简答题

1. 对操作电源的要求都有哪些？

2. 操作电源有哪几类？其作用有何不同？

3. 什么是储能式直流操作电源？

4. 什么是交流操作电源？

5. 图 5-3 所示的电路属于哪类操作电源？属于哪种动作方式？分析其动作原理。

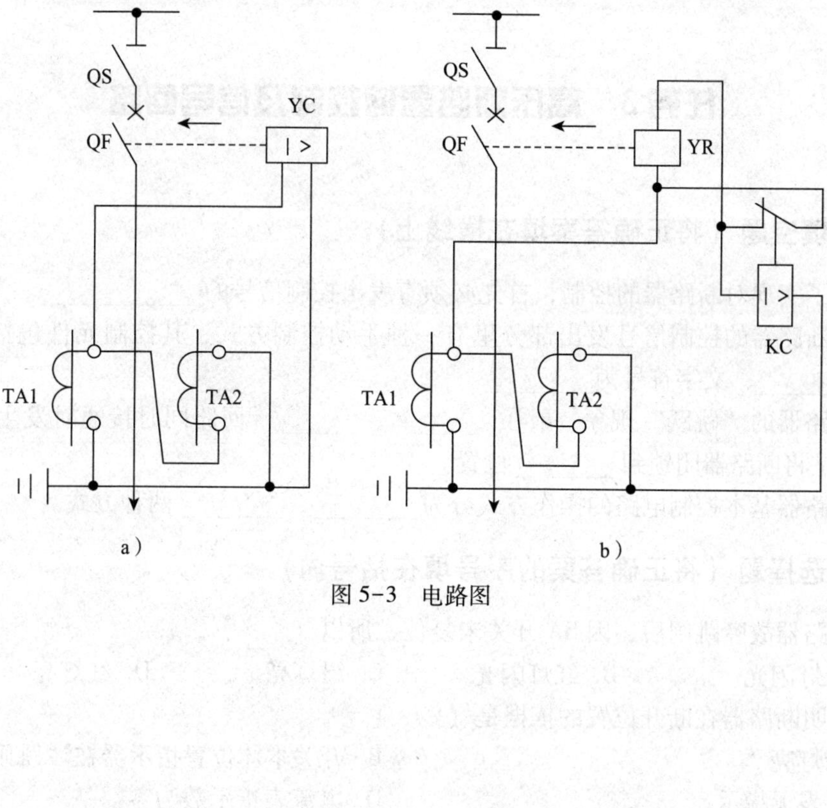

图 5-3　电路图

6. 由电压互感器和所用变压器供给的操作电源属于哪类操作电源？属于哪种动作方式？分析其动作的不利因素。

任务3　高压断路器的控制及信号回路

一、填空题（将正确答案填在横线上）

1. 为了实现对断路器的控制，首先必须有发出控制信号的____________。

2. 在断路器的控制信号发出部分里有一种手动控制方式，其控制元件包括手动操作的____________，文字符号为________。

3. 断路器的“跳跃”现象一般在________、________回路同时接通时发生，“防跳”回路设置是将断路器闭锁到________位置。

4. 断路器基本控制电路的操作方式分为________、________两种方式。

二、选择题（将正确答案的序号填在括号内）

1. 断路器故障跳闸后，因 SA 开关未复位，所以（　　）。

A. 绿灯闪光　　B. 红灯闪光　　C. 绿灯亮　　D. 红灯亮

2. 证明断路器在断开位置的依据是（　　）。

A. 绿灯亮　　B. 开关本体位置指示器在“跳闸”位置

C. 仪表无指示　　D. 电流表指示数为零

3. 断路器的合闸熔断器熔断将造成（　　）。

A. 不能合闸　　B. 不能分闸　　C. 分、合闸都不能

三、判断题（正确的打“√”，错误的打“×”）

1. 分闸操作前假设断路器处于合闸后位置，先将操作手柄顺时针旋转 90°角，使操作手柄处于预备跳闸位置，再将操作手柄顺时针旋转 45°角，发出分闸信号，分闸后手立即松开，操作手柄在弹簧的作用下回弹处于跳闸后位置，分闸完毕。（　　）

2. 断路器的手动控制开关合闸操作的操作方式是先将操作手柄于跳闸后位置顺时针旋转 90°角。（　　）

四、简答题

1. 什么是断路器的控制回路？

2. 根据图 5-4 所示的断路器控制回路方框图，分析断路器控制的过程。

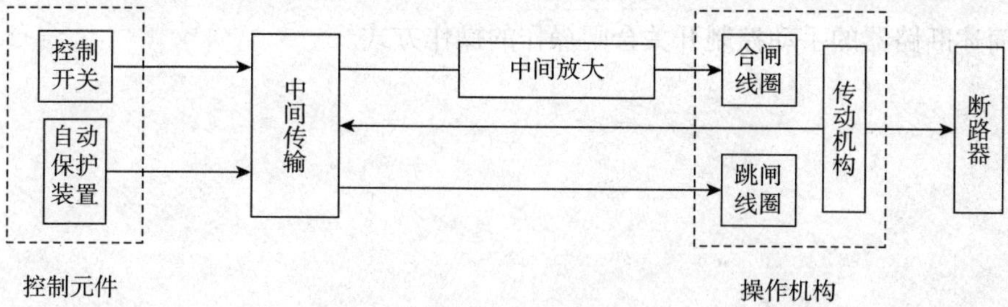

图 5-4　断路器控制回路方框图

3. 继电保护的两个动作方向是什么？

4. 什么是断路器的手动控制开关?

5. 简述断路器的手动控制开关合闸操作的操作方式。

6. 简述断路器的手动控制开关分闸操作的操作方式。

7. 根据图 5-5 所示的断路器控制回路，分析断路器的合闸、跳闸的控制原理。

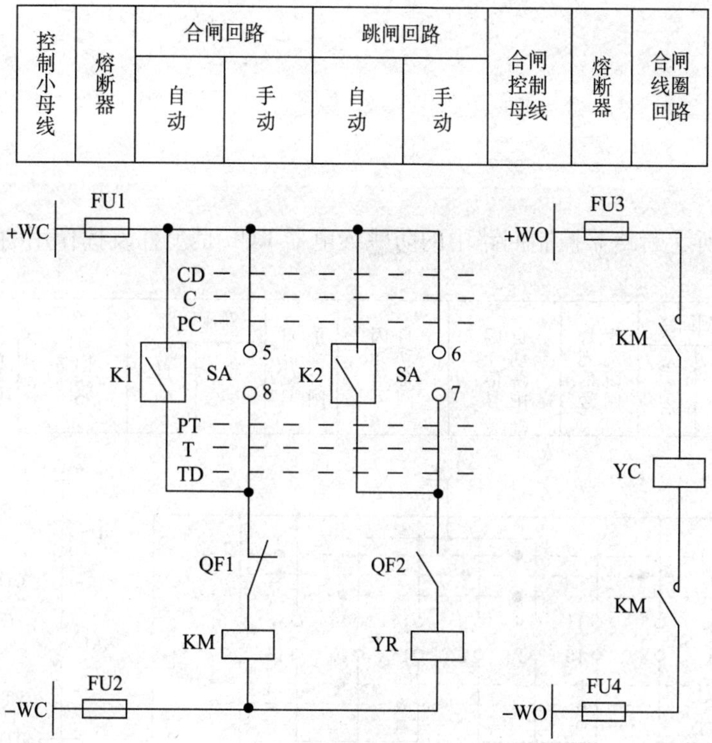

图 5-5　断路器控制回路

8. 什么是断路器控制中的“跳跃”现象？

9. 图 5-6 所示断路器控制回路中的防跳继电器 KCF 是怎样发挥作用的？

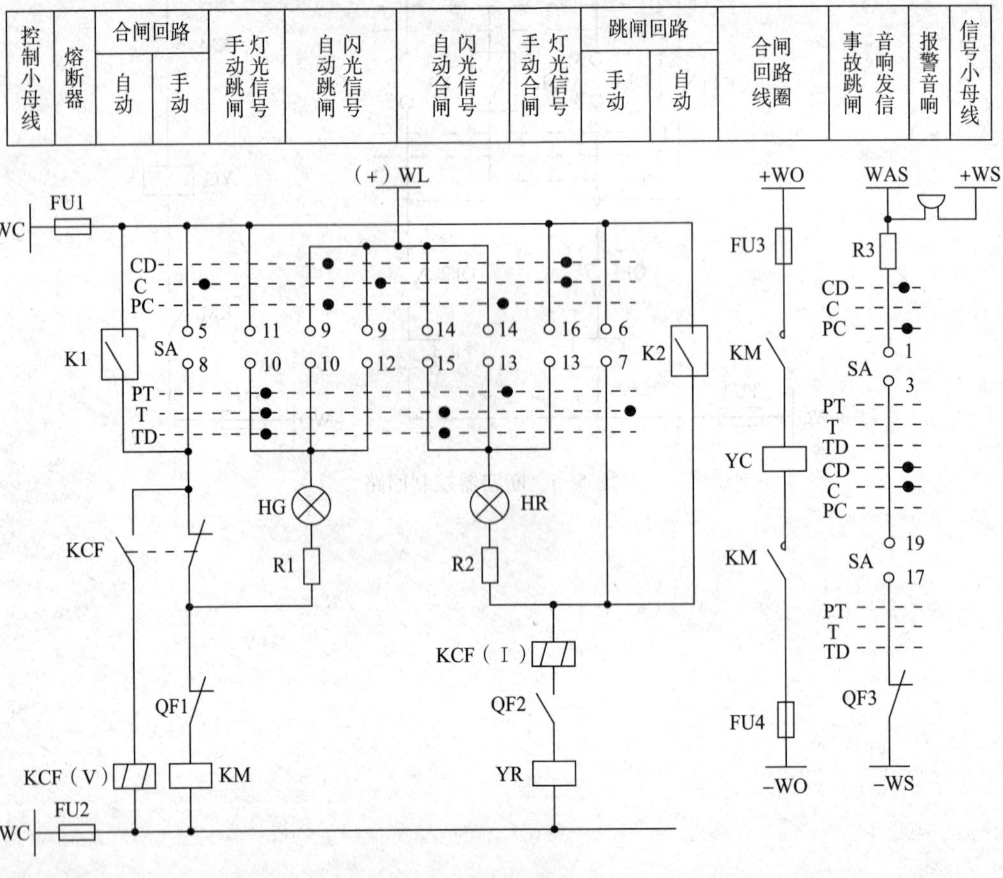

图 5-6　断路器控制回路

10. 根据图 5-7 所示的断路器控制回路和开关触点的通断状况，分析断路器控制回路的手动合闸和手动跳闸的工作原理。

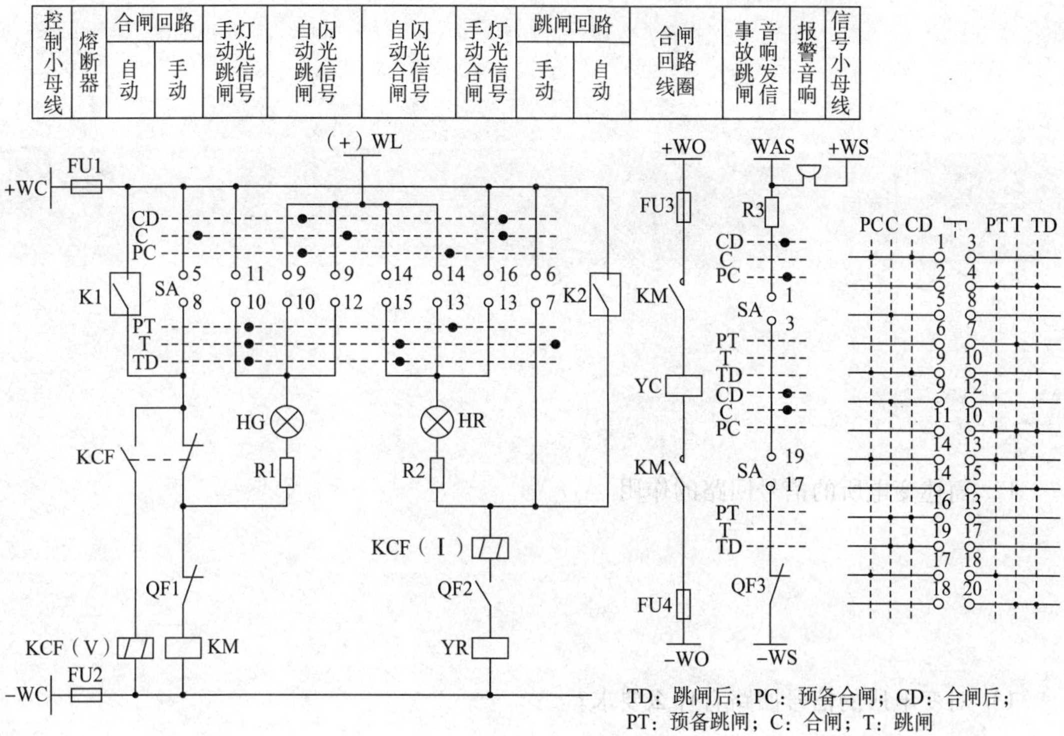

图 5-7　断路器控制回路

11. 根据图 5-7 所示的断路器控制回路和开关触点的通断状况，分析断路器控制回路的自动合闸和自动跳闸的工作原理。

12. 简述变电所的信号回路的作用。

13. 对变电所的信号回路有什么要求？

14. 变电所中央信号装置是怎样构成的？

15. 图 5-8 所示为采用手动操作机构的断路器信号回路，试分析手动合闸、手动跳闸、自动跳闸的动作过程及现象。

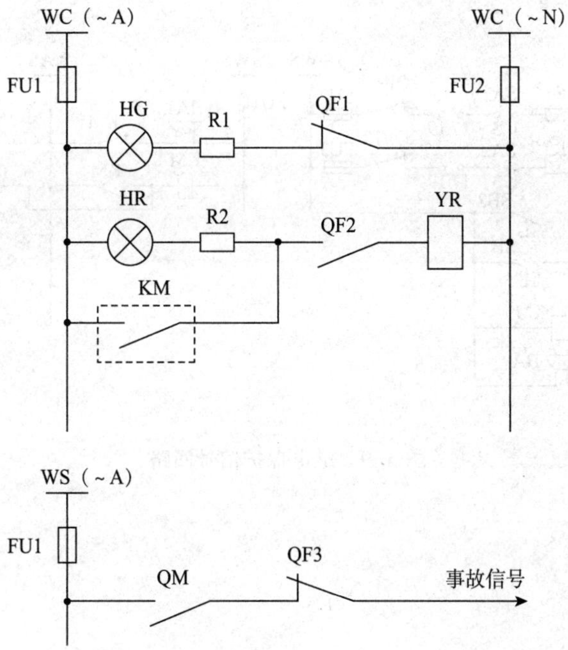

图 5-8　采用手动操作机构的断路器信号回路

WC—控制小母线　　WS—信号小母线　　QF1~QF3—断路器辅助触点

R1、R2—限流电阻　　QM—手动操作机构辅助触点

KM—继电保护装置出口继电器触点　　YR—跳闸线圈（脱扣器）

16. 图 5-9 所示为继电保护信号回路的两种电路形式，其中图 5-9a 是可重复动作的电路原理图，图 5-9b 是不可重复动作的电路原理图。试分析它们的电路动作原理，并指出其电路结构上的不同。

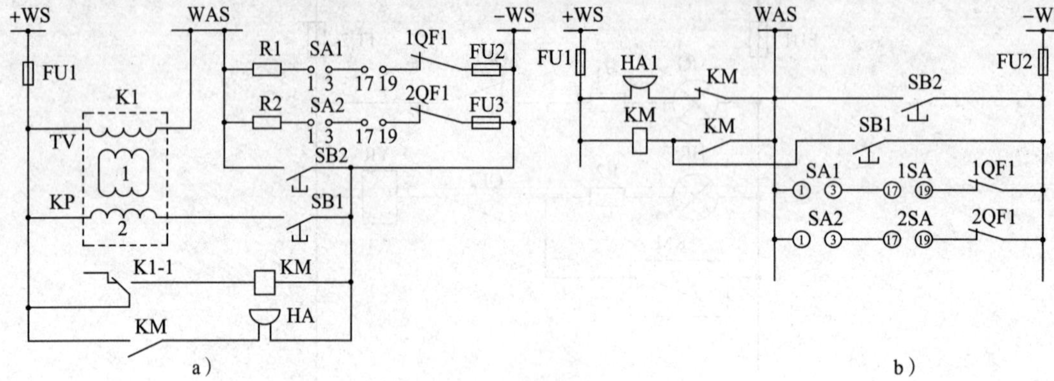

图 5-9　继电保护信号回路

课题六　工厂供电系统的继电保护及自动装置

任务1　继电保护的基本知识

一、填空题（将正确答案填在横线上）

1. 继电保护装置由____________部分、____________部分和____________部分组成。
2. 对继电保护的基本要求有__________、__________、__________、__________。
3. __________是指继电保护装置对其保护范围内不正常工作状态或故障的反应能力。
4. 对于线路末端的保护，会使保护动作时限延长，影响继电保护的__________。

二、选择题（将正确答案的序号填在括号内）

1. 下列（　　）不是按继电保护所反映的物理量分类的。

A. 电流保护　　B. 差动保护　　C. 接地保护　　D. 距离保护

2. 规程规定继电保护的灵敏系数不小于（　　）。

A. 1~2　　B. 1.5~2　　C. 2~3　　D. 1.2~2

3. 下列（　　）不是按继电保护所保护的对象分类的。

A. 电压保护　　B. 输电线路保护　　C. 发电机保护　　D. 电动机保护

4. 下列（　　）表示信号继电器。

A. TA　　B. KS　　C. YR　　D. KC

5. 保护区末端发生金属性短路时的短路电流（　　）。

A. 最大　　B. 最小　　C. 不变

三、判断题（正确的打“√”，错误的打“×”）

1. 时间继电器KT构成继电保护的逻辑部分，KT启动后，经预先设定的延时时间做出保护动作的逻辑判断，其延时闭合的动合触点闭合，接通KS及KM的启动跳闸回路。（　　）

2. 按所反映的故障类型分，继电保护一般可分为相间短路保护和距离保护等。（　　）

3. 对继电保护的四个基本要求是相互关联、对立统一的。（　　）

4. TA、KC构成继电保护的执行部分，信号继电器启动后发出信号，同时由接触器常开触点接通断路器的跳闸线圈，跳闸线圈得电动作，使断路器跳闸，将故障线路切除。（　　）

5. 按操作电源的性质分类，继电保护装置可分为直流操作和交流操作两类。（　　）

四、简答题

1. 什么是继电保护装置？它的基本任务是什么？

2. 继电保护装置的组成以及各部分的作用是什么？

3. 什么是继电保护的可靠性？

4. 根据图 6-1，分析继电保护选择性的要求。

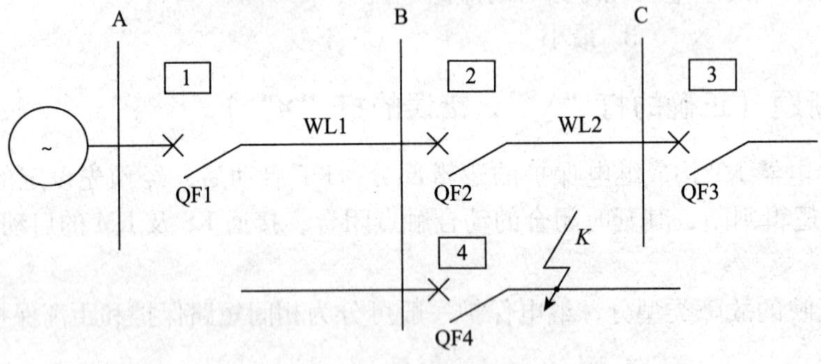

图 6-1　继电保护选择性说明

5. 继电保护装置是怎样分类的？

6. 什么是电力系统的故障？什么是电力系统的不正常工作状态？它们之间有何联系？

7. 什么是继电保护的灵敏性？

任务2　基于计算机控制技术的继电保护控制系统

一、填空题（将正确答案填在横线上）

1. 传统的继电保护系统存在____________________不高和____________________不高的不足。

2. 计算机电力监控继电保护控制仪采用面向________的分层、分布式智能一体化结构。

3. 计算机电力监控继电保护控制仪可分为依托单片机技术的____________________和依托计算机的____________________两类。

4. 计算机电力监控继电保护控制仪的基本特点是____________、______________、____________、____________、____________、维护调试方便、经济性好、性价比高等。

二、选择题（将正确答案的序号填在括号内）

1. 下列（　　）不是计算机电力监控继电保护控制仪的特点。

A. 高可靠性　　B. 高精度动作整定

C. 速度慢　　D. 功能多

2. 系统发生故障时继电保护装置的任务是（　　）。

A. 切除故障元件　　B. 减负荷

C. 动作于信号　　D. 通知调度

3. 继电保护后备保护逐级配合是指（　　）。

A. 时间配合　　B 灵敏度配合

C. 时间或灵敏度配合　　D. 时间和灵敏度配合

三、判断题（正确的打“√”，错误的打“×”）

1. 依托单片机技术的单元式监控仪一般不组成网络，常用于多个开关柜的监测与控制。（　　）

2. 依托计算机的组合式监控仪由远程控制单元与上位机组成计算机监控系统。（　　）

3. 计算机保护单元采用高集成度的芯片，软件有自动检测与自动纠错功能，提高了保护的可靠性。（　　）

四、简答题

1. 结合图 6-2 分析计算机继电保护控制器实现“防跳”控制功能的过程。

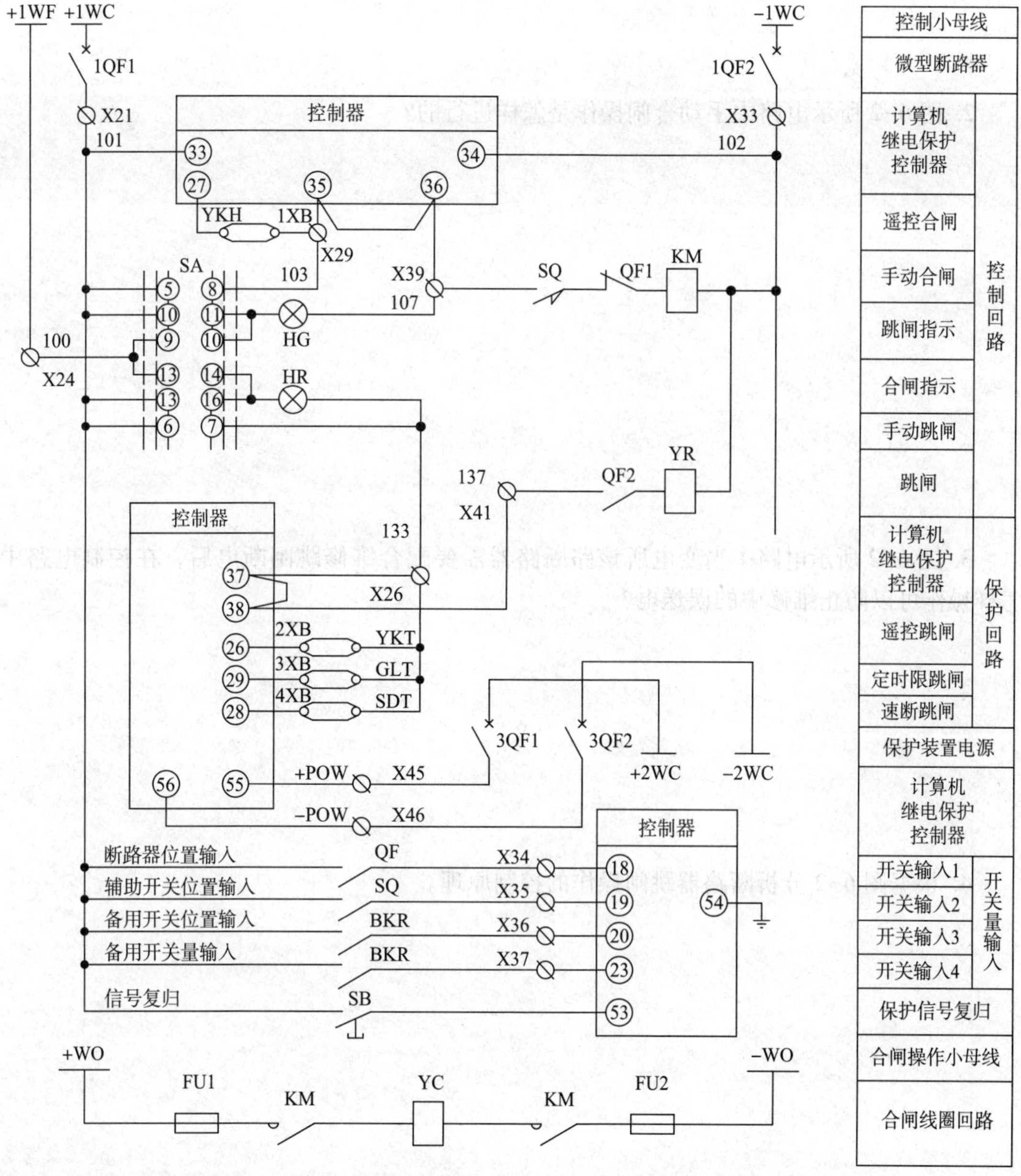

图 6-2　计算机继电保护控制器组成的二次回路

2. 图 6-2 所示电路中手动合闸操作是怎样进行的？

3. 图 6-2 所示电路中当变电所该路断路器需要配合维修跳闸断电后，在控制电路中怎样操作可以防止维修中的误送电？

4. 根据图 6-2 分析断路器跳闸操作的控制原理。

5. 图 6-2 中继电保护自动跳闸是怎样实现的？

任务 3　工厂高压线路的继电保护

一、填空题（将正确答案填在横线上）

1. 工厂高压供电线路的继电保护应装设____________保护、____________保护和____________保护。

2. 传统继电保护电路形式有________保护和________保护两种保护方式。

3. 电流互感器的接线系数是指流入继电器线圈的电流与电流互感器二次电流的________。

4. 两相电流和接线是由两只电流互感器及两只电流继电器构成，通常装设在____相和____相上。

5. 两相电流差接线是由____只电流互感器和____只电流继电器构成。

二、选择题（将正确答案的序号填在括号内）

1. 线路发生短路时，线路中的电流会突然增大，电压会突然（　　）。

A. 增大　　B. 不变　　C. 降低

2. 工厂内的高压供电线路一般不很长，电压等级一般为（　　）kV。

A. 10　　B. 5　　C. 3　　D. 1

3. 过电流保护的可靠系数通常取（　　）。

A. 1.5~1.7　　B. 1.0~1.2　　C. 1.15~1.25　　D. 1.85~2.05

三、判断题（正确的打“√”，错误的打“×”）

1. I_{re} 表示保护装置返回时所对应的电流互感器一次侧的电流值。 （ ）

2. 电力线路的单相接地保护是通过检测系统发生双相接地时所产生的零序电流来实现的。 （ ）

3. 电流速断保护动作的选择性是靠动作电流的整定来实现的。 （ ）

四、简答题

1. 图 6-3 中有哪些保护方式？分析其动作原理。

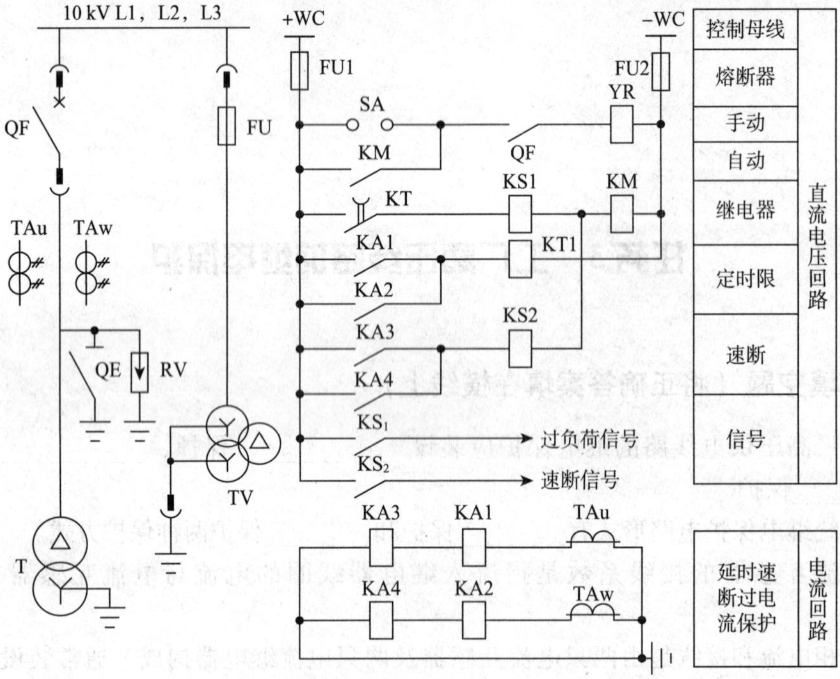

图 6-3 原理接线图

2. 简述继电保护中两相不完全星型（两相电流和）接线方式的特点，并画出其接线原理图。

3. 分析两相电流差接线方式的电流测量特点，其原理接线图如图 6-4 所示。

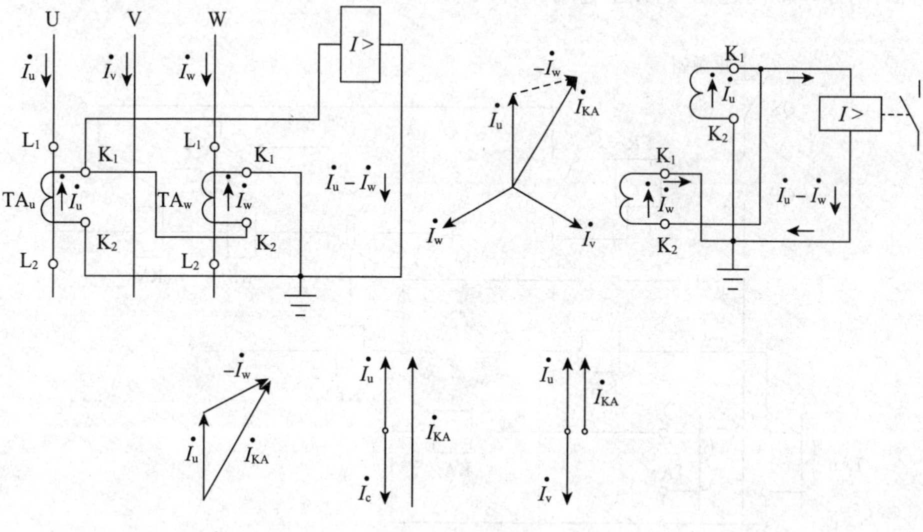

a）　　b）　　c）

图 6-4　原理接线图

a）三相短路　b）U、W 相短路　c）U、V 相短路

4. 什么是传统继电保护控制系统？

5. 什么是定时限过电流保护？

6. 根据图 6-5 简述定时限过电流保护的动作原理。

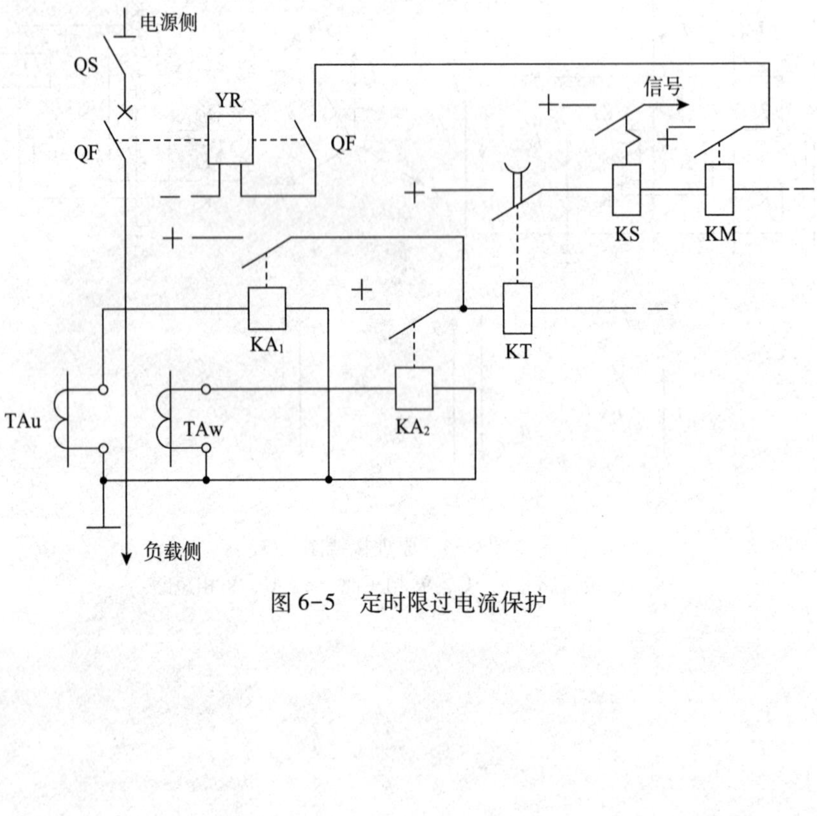

图 6-5　定时限过电流保护

7. 什么是反时限过电流保护？

8. 什么是电流速断保护？

9. 结合图 6-6 分析电流速断保护不能保护线路全长的原因。

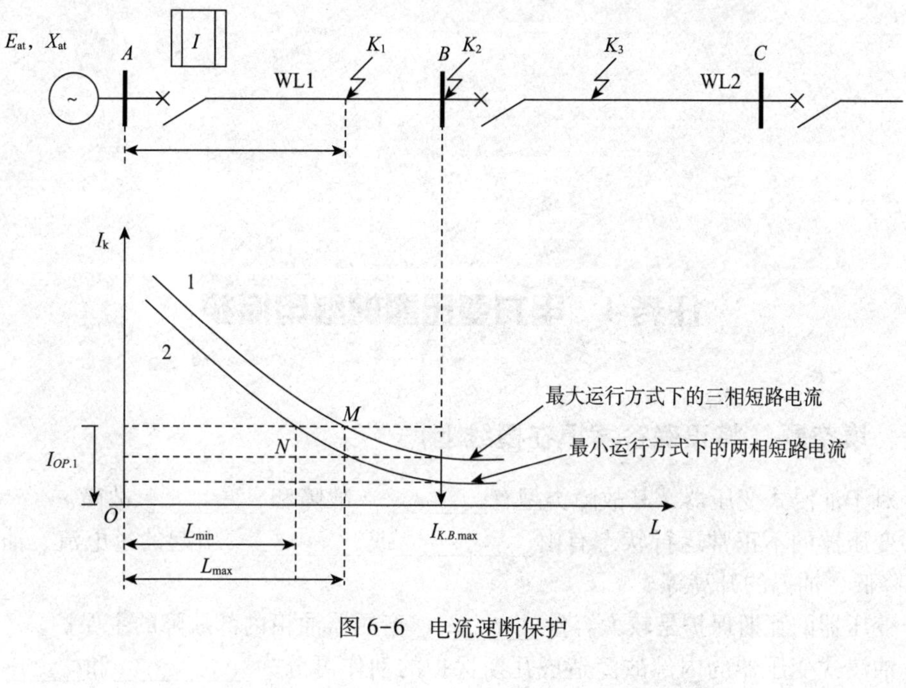

图 6-6　电流速断保护

10. 电力线路的单相接地故障是用什么方式检测的？对于架空线路和电缆线路，检测方式分别是什么？

任务 4　电力变压器的继电保护

一、填空题（将正确答案填在横线上）

1. 对于油浸式变压器，其故障类型有__________故障和__________故障。

2. 变压器的不正常运行状态有由__________或__________引起的过电流、油箱内部的油面降低、油温的升高等。

3. 变压器的瓦斯保护是较大容量__________变压器油箱内部故障的主保护。

4. 油浸式变压器的内部故障造成瓦斯保护的动作可分为__________和__________两种保护动作方式。

5. 变压器的继电保护中以电流作为动作参数的保护有__________保护、__________保护、__________保护。

二、选择题（将正确答案的序号填在括号内）

1. 变压器的瓦斯保护通过专用的保护元件瓦斯继电器反应油面的（　　）和气流的涌动。

A. 升高　　B. 降低　　C. 不变

2. 对于总降压变电所的主变压器来说，单台运行容量为（　　）kV · A 及以上。

A. 3 000　　B. 2 000　　C. 1 000

3. 对于中小容量变压器，当过电流保护时限大于（　　）s 时，还应装设电流速断保护，用以快速反应油箱外部电源侧套管及引出线的故障。

A. 2　　B. 1　　C. 0.5　　D. 0.1

三、判断题（正确的打“√”，错误的打“×”）

1. 电流速断保护的灵敏度可按保护安装出口处即变压器一次处短路来校验，要求在该处发生两相短路时，其灵敏度系数不小于 3。（　　）

2. 过负荷保护的动作时限一般整定为 10~15 s，其动作电流整定值要躲过变压器的额定电流整定。（　　）

四、简答题

1. 对于油浸式变压器，运行中有哪些故障和异常？

2. 什么是变压器的瓦斯保护？

3. 根据图 6-7 分析变压器瓦斯保护的动作原理。

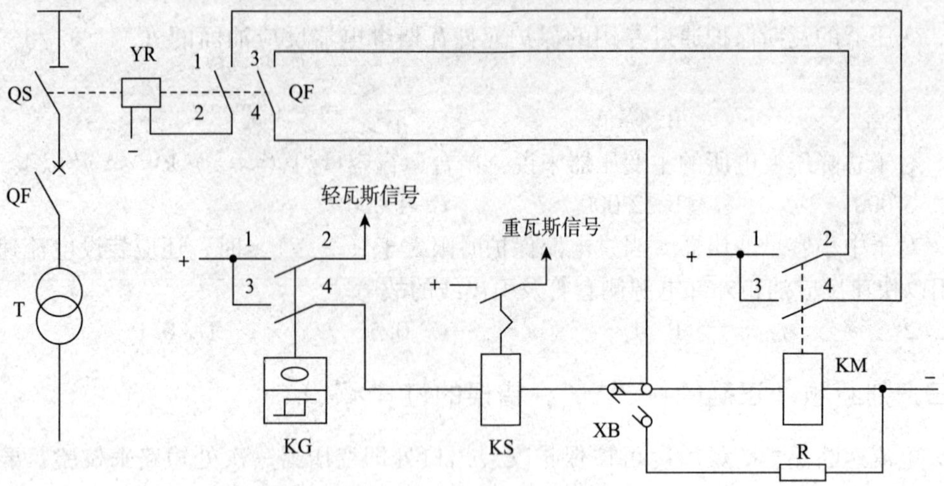

图 6-7　变压器瓦斯保护

4. 变压器的过电流保护是怎样规定的?

5. 变压器的电流速断保护是怎样规定的?

6. 什么是变压器的过负荷保护？

7. 根据图 6-8 分析采用三相完全星形接线的过电流保护兼作变压器低压侧单相接地短路保护的动作原理。

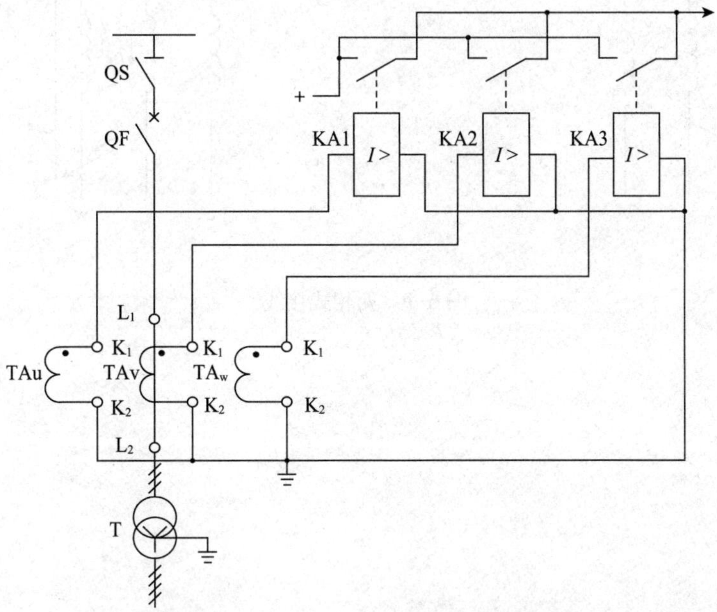

图 6-8　三相完全星形接线的过电流保护兼作变压器低压侧单相接地短路保护

8. 根据图 6-9 分析两相式接线方式不适合变压器低压侧单相短路保护的原因。

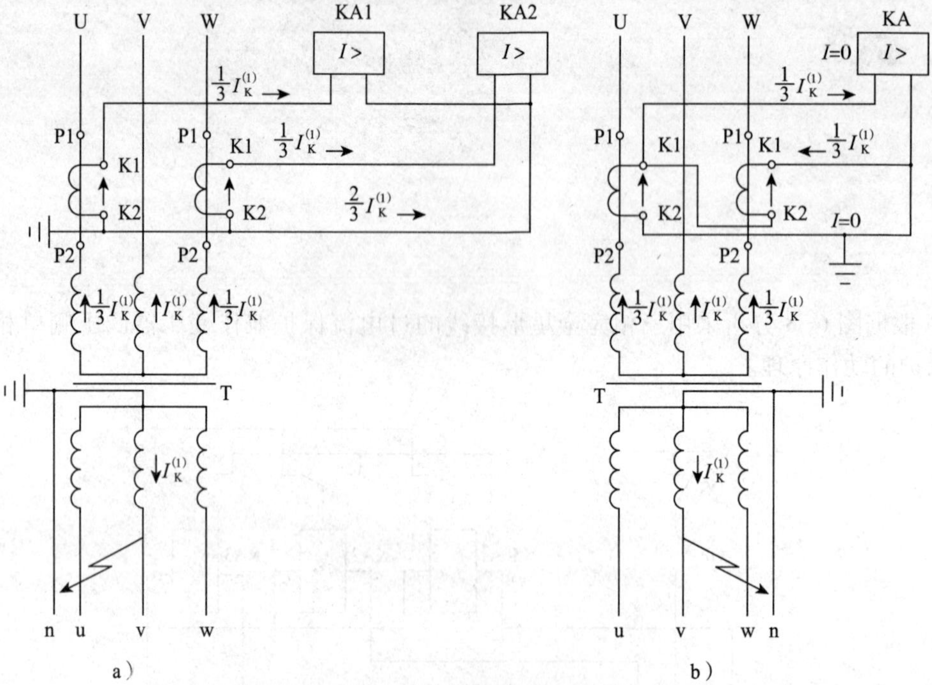

图 6-9　两相式接线

模块三　电气安全及工厂的电气照明

课题七　电气安全

任务1　触电与防护

一、填空题（将正确答案填在横线上）

1. 触电是指________流过人体时对人体产生的________及________伤害。
2. 通过人体的电流越大，通电时间越长，对人体的伤害程度越____。
3. 为了防止触电事故，由特定电源供电的电压系列称为__________。
4. 安全电流是指人体触电后最大的__________。

二、选择题（将正确答案的序号填在括号内）

1. 我国规定安全电压额定值的等级分别为（　　）。
A. 42 V、36 V、24 V、12 V、6 V
B. 220 V、50 V、24 V、6 V
C. 24 V、12 V、5 V、3.7 V
2. 人体直接接触或过分靠近带电导体而发生的触电称为（　　）。
A. 直接接触触电　　B. 电弧触电
C. 感应触电　　D. 漏电
3. 当电流超过（　　）mA 时，会对人有致命危险。
A. 10　　B. 36　　C. 50　　D. 42
4. 设置隔离遮拦时要求其高度不小于（　　）m。
A. 1.6　　B. 1.3　　C. 1　　D. 1.7
5. 触电时人体所受威胁最大的器官是（　　）。
A. 皮肤　　B. 心脏　　C. 大脑　　D. 四肢

三、判断题（正确的打“√”，错误的打“×”）

1. 配合线路停电实施电工作业的四项技术措施为停电、验电、装设接地线、设置隔离遮拦。（　）

2. 装设或拆除接地线时，应使用绝缘棒或戴绝缘手套，一人操作，一人监护。（　）

3. 带电使用高压绝缘夹钳进行操作时，应戴绝缘手套，穿绝缘胶靴，并且一人操作。（　）

4. 常见的触电类型有两相触电和跨步电压触电。（　）

5. 人触电后能自主摆脱电源的电流一般为 10~16 mA。（　）

四、简答题

1. 什么是触电伤害?

2. 决定人体触电伤害程度的因素有哪些?

3. 我国对安全电流是怎样规定的?

4. 我国对安全电压是怎样规定的?

5. 什么是间接接触触电?

6. 防止触电的技术措施都有哪些？

7. 电工安全用具是怎样分类的？

8. 简述使用高压验电器时的注意事项。

9. 10 kV 验电器的试验周期是怎样规定的？

10. 电力行业中使用的标示牌一般分为哪几类？举例说明。

任务2　接地电阻及其测量

一、填空题（将正确答案填在横线上）

1. 埋入大地中并直接与大地土壤接触的金属导体是__________。

2. 接地线是将电气设备需要接地的部分与__________相连的金属导线。

3. 接地装置由__________、__________两部分组成。

4. 接地装置投入使用前和使用中都需要测量____________的实际值。

5. 使用接地电阻测量仪时，测量电极的布置形式有________形和________形两种。

二、选择题（将正确答案的序号填在括号内）

1. 独立避雷针的接地电阻值应（　　）Ω。

A. ≤20　　B. ≤10　　C. ≤5　　D. ≤15

2. 接地电阻的测量除在工程交接时进行外，一般（　　）年测量一次。

A. 3~5　　B. 1~3　　C. 1~2　　D. 4~5

3. 总容量在 100 kV·A 及以下的发电机或变压器接地装置的接地电阻值应（　　）Ω。

A. ≤10　　B. ≤20　　C. ≤50　　D. ≤5

三、判断题（正确的打“√”，错误的打“×”）

1. 使用接地电阻测量仪时，测量电极与被测接地体间的距离及布置对测量误差影响很大。（　　）

2. 对于变电所和电气设备的接地装置，应每年进行一次测试。（　　）

3. 人工接地体是指采用钢管、角钢、圆钢、扁钢等特意制作而埋入地下的导体。（　　）

4. 应尽可能利用金属构件作为自然接地线，用作自然接地线的有金属管道、吊车轨道、建筑物的金属结构，如钢梁、钢柱等。（　　）

四、简答题

1. 目前普遍采用的接地电阻测量方式是什么？

2. 简述接地电阻测量仪的操作方式。

3. 接地电阻测量的要求是怎样规定的？

课题八　工厂变配电所的防雷保护

任务1　防雷设备及防雷措施

一、填空题（将正确答案填在横线上）

1. 雷电是雷云与大地间或带异号电荷的雷云间的____________。
2. ____________是造成地面建筑物、人员以及电力设施危害的主要雷电形式。
3. 雷电的危害主要通过____________和____________两种形式实现。
4. 为避免电器设备遭受雷击的侵害，可以采用装设____________、____________、____________等进行防护。

二、选择题（将正确答案的序号填在括号内）

1. 氧化锌避雷器试验合格后可以在室外运行（　　）年。

A. 10　　B. 2　　C. 5　　D. 20

2. 氧化锌避雷器是（　　）过电压保护的新型产物。

A. 电压系统　　B. 电阻系统　　C. 电力系统　　D. 电流系统

3. 当高于阈值电压的电压消失后，压敏电阻恢复（　　）状态。

A. 高阻　　B. 互阻　　C. 低阻　　D. 平阻

4. 未沿全线架设避雷线的 35~110 kV 架空送电线路，应在距目标变电所（　　）km 进线段架设避雷线。

A. 1~2　　B. 1~3　　C. 5~6　　D. 6~7

5. 为降低雷电侵入波波头的陡度，可以在高压电动机前面加一段（　　）m 的引入电缆。

A. 50~100　　B. 100~120　　C. 100~140　　D. 100~150

三、判断题（正确的打“√”，错误的打“×”）

1. 感应雷过电压可高达几千伏。（　　）

2. 若采用保护间隙防雷装置，当雷电过电压侵入时，保护间隙被击穿放电，防止线路过电压。（　　）

3. 当过电压作用时，氧化锌避雷器的电阻急剧升高，泄放过电压的能量，起到保护线路和设备的作用。（　　）

4. 对于较小容量变电站或根据变电站重要程度，可简化进线保护，如可以采用长度为 400~500 m 避雷线的进线段保护。（　　）

5. 避雷器要安全有效防范雷电过电压的侵害，避雷器运行前或到周期后必须进行安全试验，合格后方可运行。（　　）

四、简答题

1. 雷电有什么危害？

2. 什么是直击雷？它有哪些危害？

3. 什么是感应雷？它有哪些危害？

4. 简述避雷针的结构及保护原理。

5. 什么是电气设备中的避雷器？它是怎么发挥作用的？

6. 简述氧化锌避雷器的基本原理。

7. 变配电所的防雷措施有哪些？

任务2　室内低压配电线路的过电压防护

一、填空题（将正确答案填在横线上）

1. 按工作原理分类，浪涌保护器可以分为______________型、______________型及____________型。

2. 按用途分类，浪涌保护器可以分为____________型和____________型。

3. 浪涌保护器的类型和结构按不同的用途有所不同，但至少应包含一个__________电压限制元件。

4. 用于浪涌保护器的基本元器件有____________、____________、____________、抑制二极管和扼流线圈等。

5. 由于雷击的能量是非常巨大的，需要通过____________的方法，将雷击能量逐步泄放到大地。

二、选择题（将正确答案的序号填在括号内）

1. 浪涌保护器第一级保护的目的是防止浪涌电压直接从LPZ0区传导进入LPZ1区，将数万至数十万伏的浪涌电压限制到（　　）V。

A. 1 500~2 000　　B. 2 500~3 000　　C. 4 000~5 000　　D. 1 000~1 500

2. 分配电柜线路输出的浪涌保护器作为第二级保护时应为限压型电源线路浪涌保护器，其雷电通流容量不应低于（　　）kA。

A. 60　　B. 40　　C. 10　　D. 20

3. 浪涌保护器第三级保护是直接对设备进行保护，将残余浪涌电压的值降低到（　　）V以内。

A. 100　　B. 380　　C. 1 000　　D. 800

4. 电子信息设备交流电源进线端安装的浪涌保护器作为第三级保护时应为串联式限压型电源线路浪涌保护器，其雷电通流容量不应低于（　　）kA。

A. 60　　B. 40　　C. 10　　D. 20

三、判断题（正确的打“√”，错误的打“×”）

1. 电压开关型浪涌保护器的工作原理是当没有瞬时过电压时呈现为高阻抗，但一旦响应雷电瞬时过电压时，其阻抗就突变为低值，允许雷电流通过。（　　）

2. 信号线路型浪涌保护器用于网络设备的雷击和雷电电磁脉冲造成的感应过电压保护。（　　）

3. 当雷电或其他过电压发生时，浪涌保护器迅速对地放电，将过电压形成的强大电流迅速通过接地线泻放到大地，因此其用于放电的接地线不须具备一定截面。（　　）

4. 入户电力变压器低压侧安装的浪涌保护器作为第一级保护时应为三相电压开关型电源线路浪涌保护器，其雷电通流容量不应低于 60 kA。（ ）

5. 压敏电阻的特点是非线性特性好，通流容量大，常态泄漏电流小，残压低，对瞬时过电压响应时间快，无续流。（ ）

四、简答题

1. 什么是浪涌保护器？

2. 浪涌保护器按工作原理是怎样分类的？

3. 浪涌保护器按用途是怎样分类的？

课题九　工厂的电气照明系统

任务 1　认识工厂电气照明系统

一、填空题（将正确答案填在横线上）

1. 电气照明系统由____________、____________、____________和____________组成。

2. 在工厂电气照明中，根据灯具的___________或___________，照明可以分为不同的方式和种类。

3. 其他照明包括_______照明、_______照明和_______照明等。

二、选择题（将正确答案的序号填在括号内）

1. 下图所示的照明方式是（　　）。

A. 一般照明　　B. 局部照明　　C. 混合照明　　D. 其他照明

2. 下图所示的照明灯具是（　　）。

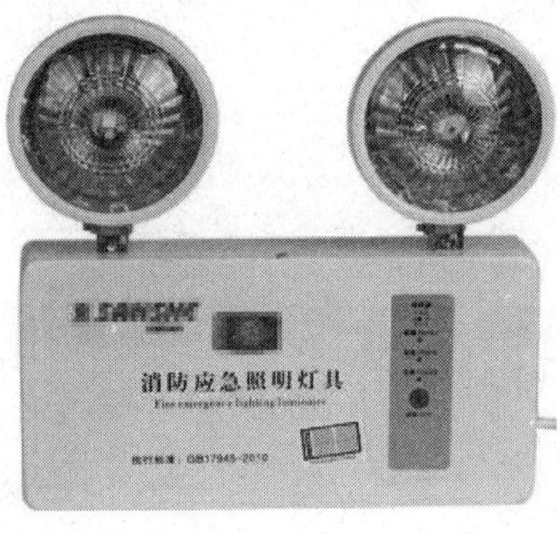

A. 工作照明灯具　　B. 其他照明灯具

C. 事故照明灯具　　D. 障碍照明灯具

3. 下图所示的照明方式是（　　）。

A. 其他照明　　B. 局部照明　　C. 一般照明　　D. 混合照明

4. 下图所示的照明方式是（　　）。

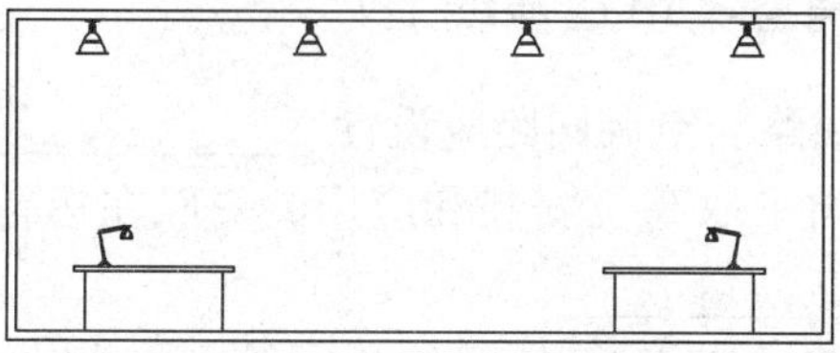

A. 局部照明　　B. 混合照明　　C. 其他照明　　D. 一般照明

5. 下列说法正确的是（　　）。

A. 工厂的照明方式一般分为一般照明、局部照明和其他照明。

B. 照明按功能可分为工作照明、局部照明和其他照明。

C. 电气照明系统由电源进线、配电系统、配电线路、电气系统以及照明灯具组成。

D. 其他照明包括值班照明、警卫照明以及障碍照明等。

三、判断题（正确的打“√”，错误的打“×”）

1. 一般照明是指在工作场所内不考虑局部的特殊需要，为照亮整个场所而设置的照明，也称为广泛照明。（　　）

2. 局部照明是为了满足工作场所某些部位的特殊需要而设置的照明，比如局部操作场所的照明以及机床的照明等。（　　）

3. 在一个工作场所内，允许只单独使用局部照明，例如只配置车床的照明灯，无须与一般照明配合使用。（　　）

4. 由一般照明和局部照明共同组成的照明方式称为混合照明。（　　）

四、简答题

照明的方式和种类有哪些？

任务2　照明灯具的配电方案与控制

一、填空题（将正确答案填在横线上）

1. 照明配电箱的插座回路与空调回路应设置________________作为保护元件。

2. 由于照明灯具多数均采取高位安装和应用，一般在运行中人员触及不到，所以其配电与控制开关均为________________。

3. 由于一般负荷较大和自身运行的规律性，除了三相分配外，路灯控制一般采取____________方式。

4. 对于小功率的单个灯具或多个灯具，一般采用________________完成灯具的通断控制。

二、选择题（将正确答案的序号填在括号内）

1. 国家标准规定，照明回路的相导体截面不能小于（　　）mm^2，单灯控制导体截面不能小于（　　）mm^2。

A. 4　　B. 6　　C. 2.5　　D. 1.5

2. 某照明回路控制保护断路器的保护曲线为B型，极数为单极，即1P，则其整定电流动作倍数为（　　）倍。

A. 3~5　　B. 2~3　　C. 5~10

3. Ⅰ类灯具可以接保护导体PE，金属底壳有外露的可导电部分，电压为（　　）V。

A. 240　　B. 220　　C. 160　　D. 200

4. 单从照明灯具控制方面看，0、Ⅱ、Ⅲ类灯具是（　　）根线。

A. 一　　B. 三　　C. 两　　D. 四

5. Ⅰ类灯具必须对每盏灯配出（　　）根线。

A. 一　　B. 三　　C. 两　　D. 四

三、判断题（正确的打“√”，错误的打“×”）

1. 目前工厂多数的广泛照明选择Ⅰ类灯具，因此配电时必须配置保护导体PE。（　）

2. 灯具的控制开关进线属于电源线，为相导体N，其导线颜色为黄、绿、红中的一根。（　）

四、简答题

1. 照明负荷的一般配电控制原则是什么？

2. 简述目前在用的照明灯具的分类及所代表的含义。

3. 大容量灯具组的控制方案一般怎样实施？

4. 说明Ⅰ类灯具各种功能导体的颜色。

5. 照明灯具的导线截面是怎样规定的?

6. 根据图 9-1 所示的灯具配置和控制方式，标注图中每段导线的根数和导线种类。图中选用的灯具为 I 类灯具，电源线用黄色相导体，标号为 L1，控制导体使用字母 K 表示，中性导体为 N，保护导体为 PE。

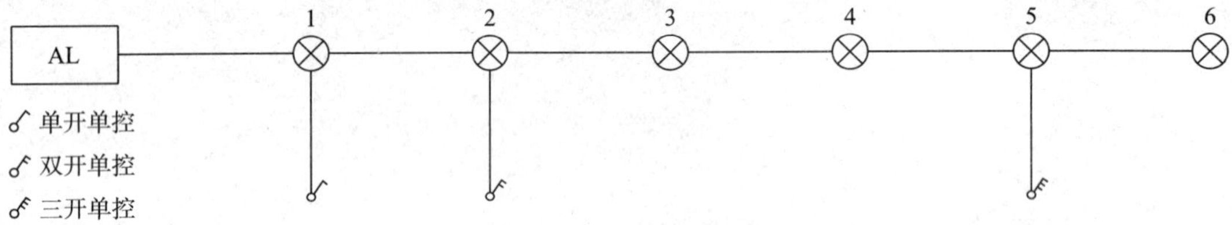

图 9-1　灯具配置和控制

7. 图 9-2 为某工厂办公室照明、插座安装位置布置图，共安装双联五孔插座六只，双管日光灯共四组，每组三只，其中的 1、2 灯组由一个双开单控开关进行控制，3、4 灯组由另一个双开单控开关进行控制，根据图中所示的管线布置完成每段管线中的导线种类和根数的标注。

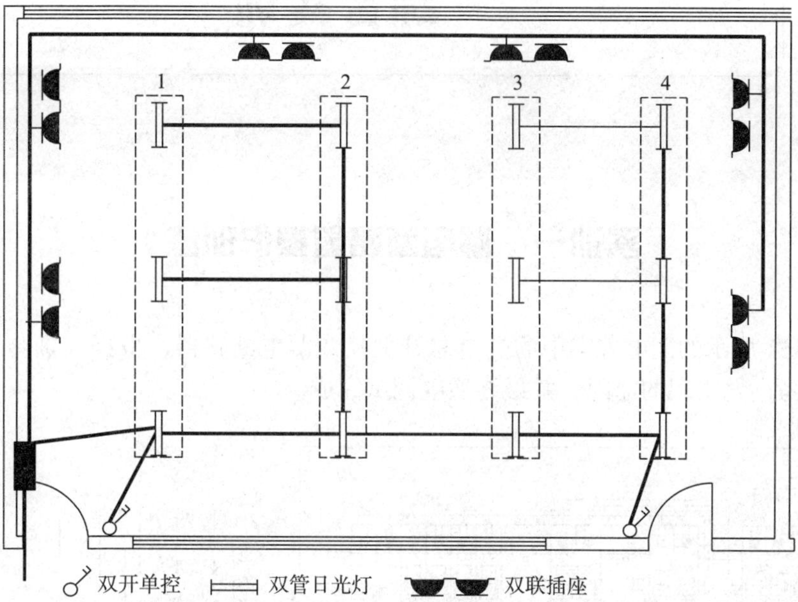

图 9-2　某工厂办公室照明、插座安装位置布置图

综合实训

实训一　漏电断路器操作训练

将图 10-1 所示的配电方案中的受电总开关换成漏电断路器，根据实训步骤要求，发现问题，思考问题出现的原因，并最终通电调试完成。

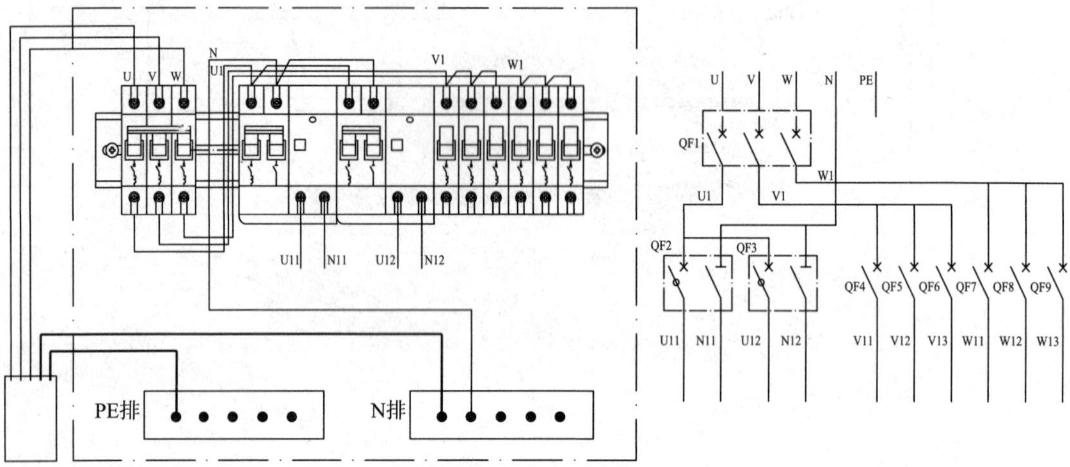

图 10-1　配电箱接线

本实训通过模拟真实的低压配电箱组装和改装过程对断路器的工作原理和接线方式进行进一步学习与实践，本次操作通过以下步骤完成。

第一步：先完成图 10-1 所示配电箱接线并通电调试，完成后分别在每种出线断路器下面连接负载并通电测试正常。

第二步：拆除图 10-1 所示接线方案中的受电总开关，将总开关换为三相漏电断路器，按照原接线方式完成配电箱配线，完成后的配电箱接线如图 10-2 所示。完成接线后同样以相同方式连接负载进行通电测试，试验后发现，在图 10-2 接线方式下原来的负载接上后总开关不能合闸，并显示跳闸为漏电跳闸。

第三步：结合所学漏电断路器的工作原理和接线方式，分析总开关不能正常合闸的原因，并做出整改方案。

第四步：根据发现的问题和整改方案，重新对图 10-2 所示接线方式中错误的地方进行整改，完成后的配电箱接线如图 10-3 所示。

第五步：对整改完成的配电箱连接负载进行试验，如果接线正确会出现合闸成功、所接负载能正常运行的结果，到此实训结束。

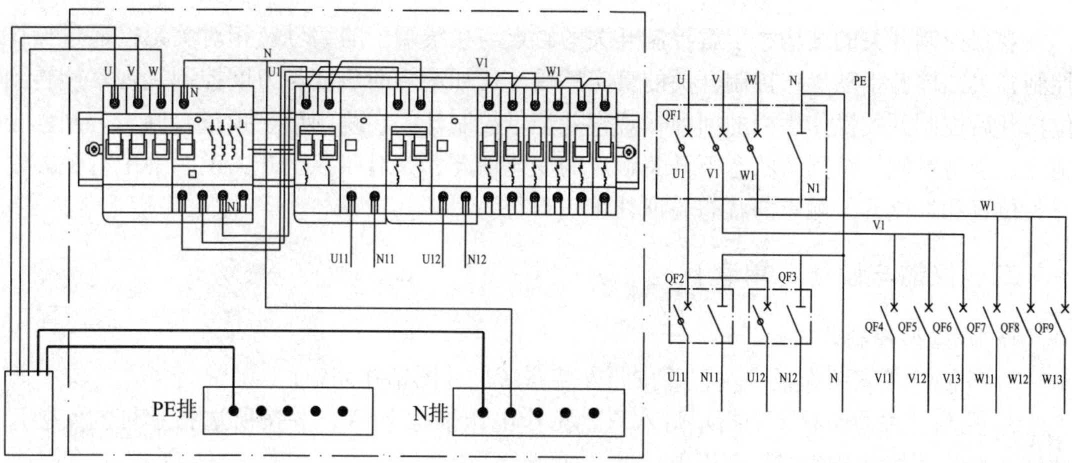

图 10-2　配电箱接线

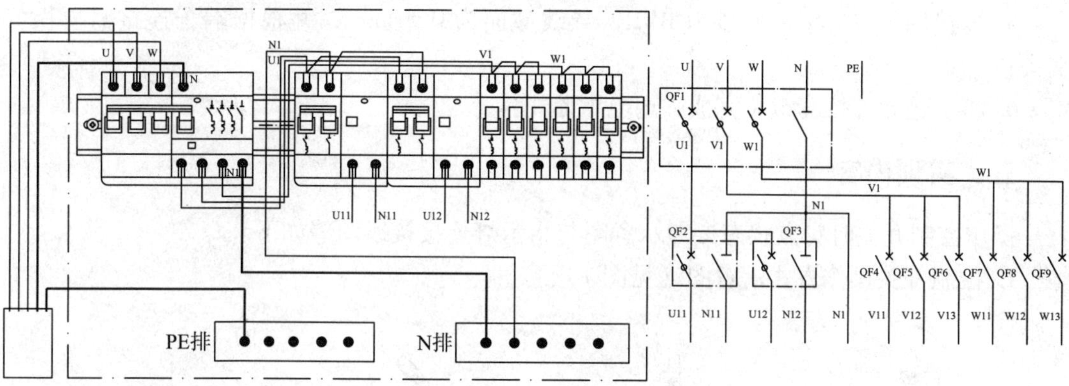

图 10-3　配电箱接线

实训二　LW2 型控制开关的认识与操作训练

一、实训目的

观察控制开关的结构，了解控制开关的触点与接线端子的编号及相对关系；通过操作控制开关，体验手动操作控制开关的真实感受，比如旋转的角度与力度控制，观察旋转到位松开后控制开关操作手柄的回弹；观察并记录控制开关在跳闸后、预备合闸、合闸、合闸后、预备跳闸、跳闸等状态下开关触点的变化情况，并对照控制开关说明书中有关控制开关位置和控制开关触点的状态验证其正确与否。

二、仪器与设备（单套）

1. LW2 型控制开关一只；

2. 控制开关安装面板一块，并按照安装参考尺寸图钻孔完毕；

3. 控制开关通断状态的指示灯八只，工作电压推荐 24 V，并按所选指示灯的安装尺寸钻孔安装在控制开关安装面板上；

4. 与指示灯的电压适配的供电变压器一只，推荐使用输入 380 V、输出 24 V、容量不低于 200 kV · A 的变压器；

5. 连接用导线一宗，型号为 BVR，导线截面为 0. 5 mm^2，并根据端子连接需要做好端头；

6. 将上述元件按套组装完成并通电试验正常。

三、实训内容

操作控制开关时触点状态参考示意图与指示灯连接接线图等如下。

1. 控制开关操作方式示意图（见图 10-4）。

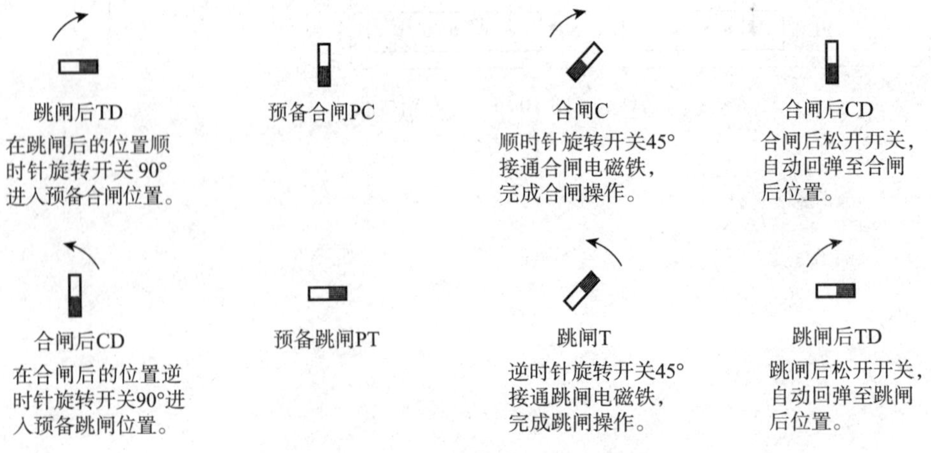

图 10-4　控制开关操作方式示意图

2. 操作控制开关时触点通断状态示意图（见图10-5）。

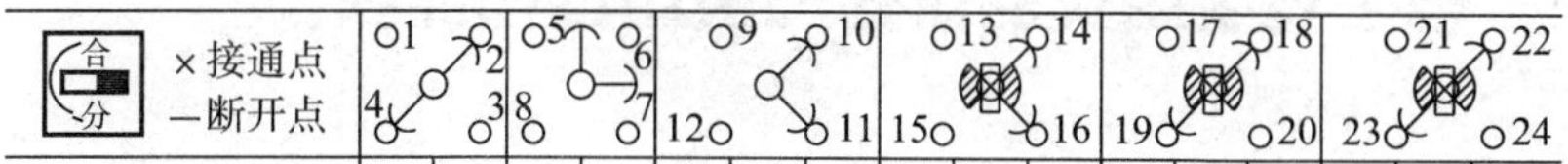

触点编号		1-3	2-4	5-8	6-7	9-10	9-12	11-10	13-14	14-15	13-16	17-19	17-18	18-20	21-23	21-22	22-24
跳闸后		—	×	—	—	—	—	×	—	×	—	—	—	×	—	—	×
预备合闸		×	—	—	—	×	—	—	×	—	—	—	—	—	—	×	—
合　闸		—	—	×	—	—	×	—	—	—	×	×	—	—	×	—	—
合闸后		×	—	—	—	×	—	—	—	—	×	×	—	—	×	—	—
预备跳闸		—	×	—	—	—	—	×	×	—	—	—	×	—	—	×	—
跳　闸		—	—	—	×	—	—	×	—	×	—	—	—	×	—	—	×

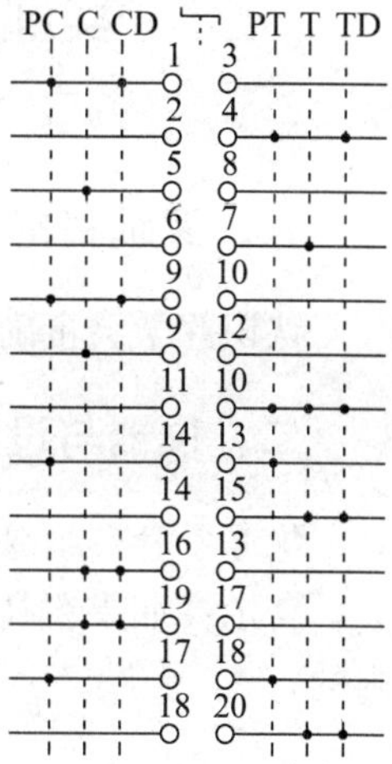

图10-5　操作控制开关时触点通断状态示意图

3. 触点连接指示灯接线示意图（见图10-6）。

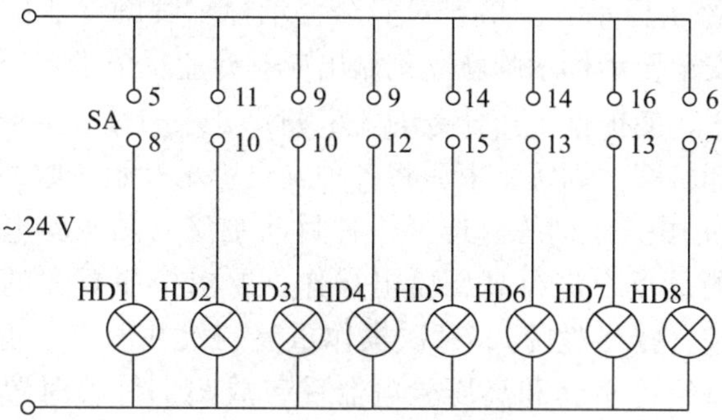

图10-6　触点连接指示灯接线示意图

4. LW2型控制开关安装参考尺寸图（见图10-7）。

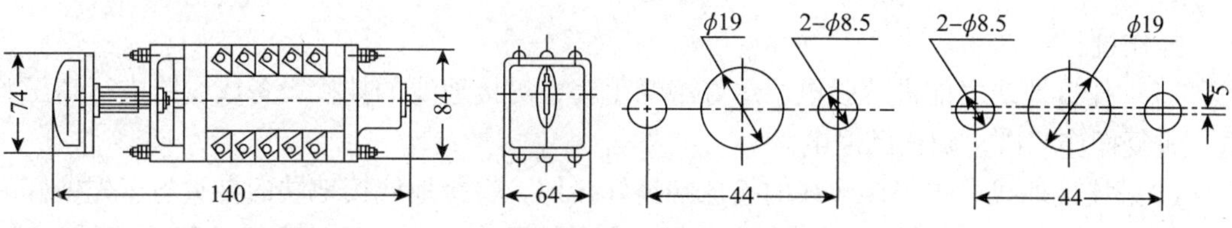

图10-7　LW2型控制开关安装参考尺寸图

实训三 电工安全用具的认知与使用操作训练

一、实训目的

认识并学会正确使用各种电工安全用具。

二、仪器与设备

绝缘手套、绝缘胶靴、高压验电器、接地线、各类安全警示标示牌等。

警示：如果在高压模拟场所进行操作，必须保证安全用具是试验合格并在有效期限内的。

三、实训内容

1. 认知绝缘手套和绝缘胶靴。通过实际穿着、手持工具、行走等过程，习惯它的存在，适应它带来的不便，深刻理解它对使用者的保护作用。

2. 认知各种安全警示标示牌。培养对安全警示标示牌的专业敏感性，形成强烈视觉反应，达到一种一看安全警示标示牌就立刻做出应有专业反应的状态。能识别各种安全警示标示牌的功能和作用，能根据工作任务的要求和要进入的环境准确地选择或识别不同类型和功能的安全警示标示牌。训练结束后将各种安全警示标示牌收回到橱柜中。

3. 高压验电器的使用操作训练。选择一种目前主流的高压验电器，在虚拟的环境或者模拟高压的环境的测量点上进行高压验电操作。要求按照真实的操作要求，戴绝缘手套，一人操作一人监护（指导教师），每次操作重复三次并做出是否带电的判断。要求每次每人操作完成后，将绝缘手套和高压验电器妥善放归训练临时置放处，以备下一次训练。全部操作完成将高压验电器妥善收纳后放置到橱柜中。

4. 分组进行对停电的高压设备放置接地线的训练。认知训练用接地线，掌握其各个部分的功能。对需要放置接地线的设备或线路进行认知和熟悉，明确放置接地线的操作顺序。

操作过程：

（1）挂接地线之前进行验电。戴好绝缘手套，对接地线的挂接设备或线路进行高压验电，重复操作三次，确认已停电。

（2）挂接地线。先将接地线的接地端良好接地，将接地线接地端的夹头与事先做好的接地体进行良好的电气连接，即松开接地端夹头的压接口，将接地扁钢放置在压接口中，拧紧螺杆至稳定可靠连接。然后双手手持挂接头的绝缘手柄部分，拧动绝缘杆下端（或拉动弹性拉杆），松开挂接口，按照一定的顺序将接地线的挂接端与目标设备或线路的裸露或导电部分连接，挂接到位后旋紧挂扣至接线牢固。重复以上操作进行逐个连接，连接完成后验证连接牢度，连接牢固、稳定后挂接操作完成。

（3）拆除接地线。工作终了送电前的第一个任务就是拆除接地线！戴好绝缘手套，进行逐个拆除操作。双手手持接地线的绝缘手柄，拧动绝缘杆（或拉动弹性拉杆）松开挂接口，拿下接地线挂接杆。三个挂接杆都取下后，拆开接地端的夹头。本次操作完成后收好接地线，等待下一个操作训练。

实训四　接地体接地电阻的测量

一、实训目的

掌握接地电阻测量仪的使用方法及接地电阻的测量方法。

二、仪器与设备

人工埋设的接地体、接地电阻测量仪、导线、锤子等。

三、实训内容

1. 接地电阻测量仪的认识

常用的国产接地电阻测量仪有 ZC-8 型和 ZC-29 型等几种。ZC-8 型带有三个端组（E、P、C，其中的 E 对应 C2、P2），它由一只高灵敏度的检流计、手摇发电机、电流互感器以及调节电位器等组成，量限有 0.1～1 Ω、10～100 Ω 和 0～10 Ω、100～1 000 Ω 两种，带有一根电位探测针和一根电流探测针。

2. 对接地体的接地电阻进行测量

（1）测量接地电阻时应在停电的接地体上进行。测量前，将接地引下线与设备断开。

（2）采用直线排列形式进行测量。

将两根探测针分别插入地中，被测接地体 E、电位探测针 P 和电流探测针 C 成一直线，而且彼此相距 20 m，其接线如图 10-8 所示。

测量时，先将仪表放到水平位置，检查检流计的指针是否指在中心线上，如不在中心线上，应调整到中心线上。然后将仪表的“倍率标度”置于最大倍数，慢慢转动发电机的摇把，同时旋转“测量标度盘”，使检流计指针平衡。当指针接近中心线时，加快发电机摇把的转速，使其达到 120 r/min，再调整测量标度盘，使指针指于中心线上，用测量标度盘的读数乘以倍率标度的倍数，即为所测的接地电阻值。

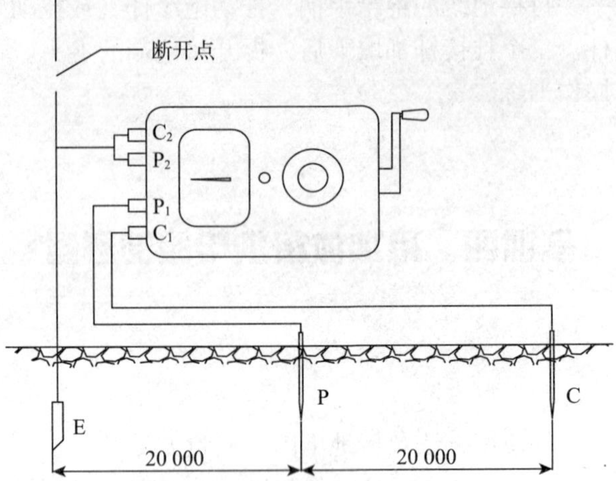

图 10-8　测量接地电阻接线图

E—被测接地体　P—电位探测针（辅助接地极）　C—电流探测针（辅助接地极）

使用时，当检流计灵敏度过高时，将电位探测针 P 插入土中浅一些；反之可沿电位探测针 P 和电流探测针 C 注水，使其湿润。要求测三次取平均值。

3. 接地电阻测量中的安全注意事项

（1）测量接地电阻时应停电进行；

（2）无论用哪种方法测量接地电阻，均应将被测接地体同其他接地体分开，以保证测量的准确性，同时应尽可能把测量回路自电网断开，这样做一方面能消除杂散电流引起的误差，另一方面还能防止测量电压反馈到与被测接地体连接的其他导体上引起事故；

（3）为防止跨步电压和接触电压伤人，在辅助接地极 30~50 m 的范围之内，禁止人、畜进入测量现场。